绿色低碳理论、模型与实践丛书

水资源
多尺度核算

邵玲 伍梓 著

电子工业出版社·
Publishing House of Electronics Industry
北京·BEIJING

内 容 简 介

当前，国家、区域、产业等尺度内部及尺度之间的经济关联日趋复杂，引发越来越多"看不见"的水资源流转其中。本书提出了一整套水资源多尺度核算分析理论框架，对不同尺度经济和工程中"看得见"和"看不见"的水资源使用进行了深入分析。

本书提出了体现水投入产出模拟方法，以世界经济、中国经济和北京经济为例探讨了如何辨析国际贸易、国内贸易中隐含的水转移及产业间的水关联，基于体现水强度数据库提出了体现水系统核算方法，选取典型的可再生能源工程和污水处理工程开展了案例研究，针对不同尺度的研究对象提出了水资源管理建议，包括如何运用科学数据应对国际舆论等。

本书可作为水资源管理和环境经济学研究领域学生的学习用书，也可为水利、环境、区域经济、产业经济、新能源等领域的研究人员和管理人员提供参考，还可作为高等院校水利工程、环境科学、经济学、管理学等专业师生的扩展读物。

图书在版编目（CIP）数据

水资源多尺度核算 / 邵玲，伍梓著. -- 北京 ：电子工业出版社，2024. 10. --（绿色低碳理论、模型与实践丛书）. -- ISBN 978-7-121-49016-3

Ⅰ. TV213.4

中国国家版本馆 CIP 数据核字第 2024YK1537 号

责任编辑：魏子钧（weizj@phei.com.cn）
印　　刷：三河市君旺印务有限公司
装　　订：三河市君旺印务有限公司
出版发行：电子工业出版社
　　　　　北京市海淀区万寿路 173 信箱　邮编　100036
开　　本：720×1 000　1/16　印张：7.75　字数：136 千字
版　　次：2024 年 10 月第 1 版
印　　次：2025 年 3 月第 4 次印刷
定　　价：59.00 元

前　　言

随着世界经济一体化程度的加深和产业间关联的日益紧密，水资源使用已经从单一的自然资源可得性问题演变成一个与社会经济贸易不均衡发展相交织的复合问题。若不考虑国际贸易、国内贸易及产业间的水关联，水管理部门出台的各种政策很可能将无法达到预期的节水效果。本书基于体现水理论提出了一整套水资源多尺度核算分析理论框架，以期为宏观领域和工程领域水资源管理政策的制定提供理论依据和数据支持。

在宏观经济体层面，本书提出了体现水单尺度和多尺度投入产出模拟方法，以世界经济、中国经济和北京经济为例进行了相关计量与分析，主要观点如下：（1）在发展中国家直接使用的水资源中，有相当大一部分被用于生产出口至发达国家和地区消费的产品，水转移问题不容忽视；（2）我国与多个国家有密切的虚拟水贸易往来，在进出口贸易中隐含了大量的体现水；（3）我国的平均用水效率虽低于世界平均水平，但差距正在逐渐缩小；（4）北京市的平均体现水强度低于我国的平均水平和世界的平均水平；（5）北京市对调入体现水的依赖非常强，国内体现水贸易呈现很大的顺差，说明水转移问题在我国省市间同样存在。

在工程层面，本书提出了过程分析方法与体现水投入产出方法相结合的体现水系统核算方法，将模拟得到的体现水强度数据库应用到工程领域，选取典型的可再生能源工程和污水处理工程开展相关案例研究，根据研究结果确定了各个案例工程的主要用水环节，可为各工程制定节水措施提供参考。

本书提出的体现水投入产出模拟方法和体现水系统核算方法具有普适性，适用于计量不同社会经济系统和工程的体现水，尺度可根据需要自行定义或继续向下拓展。本书建立的体现水强度数据库具有较好的适用性，可直接用于各种工程体现水的系统核算。

在本书付梓之际，笔者想对北京大学陈国谦教授致以崇高的敬意！他的指导高屋建瓴，也正是在他一如既往的支持下，本书才得以出版。笔者还要感谢潘云龙、汪文青、褚玉雯、郭天宇、高亚琳、夏挺芝、张诺、戴珂玥、李舒冉等同学对完善本书内容和格式的帮助。电子工业出版社的魏子钧老师在本书编写过程中付出了大量的心血，他的贡献不可或缺。

本书的相关研究得益于国家重点研发计划项目课题（2021YFC3200402）、国家自然科学基金项目（71503236）和北京社科基金项目（16LJC013）的资助，在此感谢资助方的持续支持。最后，笔者谨向为本书的出版提供经费支持的中国地质大学（北京）经济管理学院致以衷心的感谢。

笔者深知自身能力有限，书中难免存在不足，恳请读者批评指正。水资源与社会经济的复杂耦合关系是前沿研究领域，仍有许多科学理论和应用方法有待深入探讨，衷心希望更多的读者能够投身其中，共同推动这一研究领域的发展。

目　　录

第 1 章

绪 论

水资源对人类的生产和生活至关重要。在生产和贸易规模日益扩大的背景下，水资源可能被隐含在产品和服务中发生跨地理尺度的转移。这使得水资源核算变得异常复杂。其复杂性在不同的地理尺度（包括世界、国家、区域和工程尺度）表现出不同的特性，但都可能导致水资源管理政策的失效。在本章中，我们将讨论水资源管理在不同空间尺度上存在的现实问题，回顾目前已有的水资源核算理论方法的研究进展，并介绍本书的主要研究内容。

1.1 研究背景与意义

水资源（如无特殊说明，本书中的水资源均特指淡水资源）是人类生存发展不可或缺的重要的自然资源。近年来，随着人们生活水平的提高，全世界范围内的用水量也在不断地增加。许多国家和地区对水资源的需求已经远远超过了自然界的承载能力，造成了诸如水短缺和水污染等一系列严重的水问题。水资源不同于其他矿产资源，其自然流动不受领土约束，由水资源分配引发的国际争端也经常发生，例如著名的多瑙河国际水争端仲裁案、巴勒斯坦和以色列对地下含水层和约旦河水的争夺，以及我国与湄公河（我国境内为澜沧江）下游诸国用水争端等。

以上提到的分歧与争端大多基于直接水资源的取用。实际上，由于产品的生产过程中均会使用水资源并造成水污染，水资源也会通过产品间的交流形成虚拟的、间接的流动（本书中将其定义为体现水，英文名为 embodied water），由此也会带来隐形的水资源流失或水污染转移等问题。近年来，随着世界经济一体化进程的推进，由进出口贸易不对等引发的贸易非均衡（trade imbalance）问题日益突出。部分制造业大国，尤其是中国，因巨额的贸易顺差受到了部分国家不公正的指责。然而，与巨额贸易顺差对应的是包括水资源在内的多种自然资源的大量出口以及随之而来的严重的资源贸易非均衡问题，以中国为代表的发展中国家实质上在资源贸易方面承受了严重的不公平待遇。

在气候变化领域中，关于发达国家和地区转移温室气体排放到发展中国家或承诺减排国家转移温室气体排放到暂未承诺国家（即碳转移和碳泄漏）的研究成果已相当丰富。结果显示，2019年，我国的碳排放有18.2%是为生产供国外消费的产品而排放的[1]。水资源领域同样存在这一问题，发达国家或地区仅通过很小的金钱代价从不发达国家或地区进口或调入产品就可以轻松地转移水资源的使用和污染。由于农产品和大多数的初级工业品的生产均属于高耗水行业，且发展中国家的出口主要以农产品和劳动密集型工业品等初级产品为主，水资源领域的水转移等水贸易非均衡问题可能更为严重。

然而，目前国际国内在这方面的认识还较为薄弱，甚至还有很多相反的结论。美国加利福尼亚州（简称加州）自2011年起连续遭遇了严重的旱灾，农业生产面临严峻挑战。但在南加州帝王谷这一沙漠地带，干草种植户却汲取大量的河水用于种植专门出口中国的牧草。这件事在2013年经英国广播公司（BBC）报道后引发强烈反响，包括大学教授在内的很多人质疑该行为，认为美国的稀缺水资源通过这种方式出口到了中国。但这只是一个片面的观点。如果我们将研究对象扩展到中国与美国之间的所有商品交易，就会发现，其实中国出口到美国的产品所体现的水资源比美国出口到中国的产品所体现的水资源要多得多。

由此可见，我们亟须对国际贸易中隐含的水资源转移展开研究。这一方面能够厘清事实，促进国际贸易的公平合理；另一方面，相关的研究成果能够为相关部门制定合理的节水政策提供数据支持，例如严重缺水国家的水管理部门可以通过鼓励进口需水量大的产品来减少国内水资源的使用。

为积极应对水资源问题，各国政府在各国内部也积极制定政策法规，以规范管理水资源的开发利用和节约保护工作。这些政策通常通过分配各区域（次国家级的省区等）的节水指标来执行。例如，《国务院关于实行最严格水资源管理制度的意见》（国发〔2012〕3号）和《国务院办公厅关于印发实行最严格水资源管理制度考核办法的通知》（国办发〔2013〕2号）等文件均对用水总量、用水效率和水质等提出了明确要求。

然而，随着商品贸易的快速发展，这些基于直接用水制定的政策法规由于忽视了产品之间复杂的水关联关系,已不足以应对水资源使用的复杂情况,某些激进的政策还有可能会造成水资源使用的局部限、总量增,越限越增等不良后果。一个区域不仅从国际上进口和出口了产品,还从国家内部的其他区域调进或调出了产品,这些产品在生产过程中可能会使用水资源,即隐含体现水,相关的贸易活动会引发体现水的转移。由于国家内部各区域的禀赋不同,发展也不平衡,因此国际贸易中存在的水贸易不均衡现象在国家内部各区域之间也同样存在。同时,由于区域之间的贸易壁垒一般远小于国家之间的关税壁垒,各个区域的国内贸易量一般都会远大于国际贸易量,水贸易不均衡这一现象在区域层面可能更为严重。Feng 等对中国的研究表明,2007 年,在中国沿海发达省市最终消费产品所导致的二氧化碳排放中,约 80%来自中西部不发达省市[2],这已直接证实了中国各区域在二氧化碳排放方面存在的严重不均衡问题。尽管如此,水资源领域的相关问题还没有引起足够的重视。

区域经济具有尺度上的特殊性和复杂性,即可能同时与国家尺度上的任何其他区域以及世界尺度上的任何其他国家发生水关联。因此,区域经济的真实水资源使用只有在对世界经济和国家经济进行水模拟的前提下才能得到,正如国家经济的水模拟也必须在考虑了其与世界经济(即其他国家的经济)水关联的前提下才能得到一样(世界经济是目前人类经济活动的上限,与外界并无经济活动交流,因此可以进行单独模拟)。完全涵盖这些水关联对数据的要求非常高,目前基本不可能达到,因此,本书提出将这些联系抽象简化为尺度之间的联系,以便开展研究。在对世界经济和国家经济进行模拟的基础上,本书对区域层面,即次国家级尺度的体现水使用展开多尺度系统核算,为国家水管理部门制定科学的水资源政策及合理分配节水指标提供科学依据。反过来,各区域水管理部门也可根据本书的研究成果选择更为合理的产品供应链,合理规划水资源的使用。

产业间节水指标的分配也是如此。在当今工业化大生产的背景下,每件产品——即使是一个小小的零件——都可能与众多的产业关联,整个经济内部形成了复杂的关系网络,任何一件产品都可能通过供应需求关系与其他所有的产品发生联系。这使我们不能仅通过某个产业的外在直接用水来评价用水效率,乃至限定用水配额,而必须在全面把握产业间关联关系的前提下制定相关的水管理政策。因此,本书也对世界经济、国家经济以及区域经济各个产业的体现水使用情况展开了研究。相关的研究成果能够揭示国家内部各产业及各区域间的水关联关系,为节约水资源和提高用水效率提供参考。

工厂等工程系统是社会经济的基本生产单位,国家层面、区域层面或行业层面的很多节水政策,最终都需要落实到工程层面,通过工程中的节水技术来实现。与此同时,工程水资源核算也是自下而上更高层面水资源核算的必要基础。随着社会化分工的细化,各项工程使用了来自多个产业的原材料,在其供应链内引发了一系列的水资源使用。虽然已经有相当多的研究对工程的水资源使用展开了核算,然而这些研究很多只关注了工程的直接水资源使用。部分研究应用的过程分析方法试图追溯工程生命周期中的水资源使用,然而由于主观截断问题的存在,这些研究只能得到目标工程部分原材料的部分水资源使用。此外,鉴于生产效率和经济结构的不同,不同经济体同一产品的体现水强度是不同的,甚至同一经济体在不同年份生产的同一产品的体现水强度也是不同的。以往的工程水资源核算研究通常并没有注意到这点,经常引入错误的产品水强度数据,以致最终得到错误的结果。

虽然工程水资源核算相对于宏观经济体水研究来说涉及的项目较少,但工程使用的产品可能来自不同地区和不同年代的不同经济体,对基础水强度数据库的数据要求非常高,需要大量的前期研究工作。本书提出的多尺度投入产出方法能够针对不同时间尺度的不同经济体建立完备的、统一的多尺度产品体现水强度数据库,从而为工程体现水的系统核算提供强有力的数据支持。本书在体现水多尺度投入产出模拟的基础上提出工程体现水的系统核算方法,该方法一方面能够提高工程水资源核算的准确性,揭示各个工程的主要用水环节,进而能科学地指导工程节水工作的开展;另一方面,该方法也可被用于同一工程不同技术间的比较,为节水技术的推广提供理论依据和数据支持。

1.2 研究进展

全球范围内的资源枯竭、环境恶化以及气候异常促使人们开始反思自己的行为,社会经济的生态核算也成为了学术界研究的重点问题与难点问题之一。已有大量的文献研究了各种产品、服务、工程、技术的资源投入和环境影响,如能源[3,4]、矿产资源[5]、土地资源[6,7]、能值[8,9]、资源㶲[10-12]、㶲值[13-15]和温室气体排放[16-20]、生态足迹[21-23]、生物多样性[24]等。

相对于上面提到的其他生态要素来说,水资源核算研究虽然起步较晚,但其成果已相当丰富。下面，我们将从以下五个方面对水资源核算的研究进展进行综述。

1.2.1　虚拟水

全世界范围内的农业生产使用了大部分的水资源。2017 年，全球农业用水开采量占总水资源开采量的 71%左右[25]。考虑到以前的工业生产远没有现在发达，早年的农业用水比例还可能更高。鉴于此，早期的水资源研究集中在分析农产品的用水，尤其是蒸散用水上。在这一背景下，Allan 于 1996 年首次提出了虚拟水（virtual water）的概念，把"内嵌（embedded）"在产品（主要是农产品）中的水资源定义为虚拟水[26]。他在随后的研究中也提出了虚拟水战略的概念，即通过合理规划进出口来缓解世界水资源紧缺地区（例如中东地区）用水压力的策略，这对水资源的管理具有重要的意义[27, 28]。

虚拟水一词词义鲜明，多被用于指代贸易尤其是国际贸易中隐含的水资源，这个词一经提出便得到了广泛应用。许多专家学者对各种产品以及体现在国际贸易中的虚拟水含量进行了研究[29-38]。早期的虚拟水研究一般只考虑农作物在生长过程中造成的蒸散量损失，后期的部分研究已不局限于农作物，而将工业产品用水也考虑在内，部分研究也由考虑农作物蒸散水改为考虑农业灌溉用水[39]。

与虚拟水类似的概念还有影子水（shadow water）、内嵌水（embedded water）和外生水（external water）等，它们的共同点是都考虑了产品或服务间接使用的水资源。虽然这些概念的具体含义与侧重点可能有所不同，但它们都与虚拟水一样，是为了让人们更直观地认识到间接用水的存在而采用的策略性说法，为增进人们对间接用水的认识作出了巨大的贡献。

1.2.2　水足迹

自虚拟水理论提出后，水资源的核算研究开始蓬勃发展。其中最具代表性的工作是由荷兰特文特大学（University of Twente）的 Arjen Y. Hoekstra 及其合作者们完成的。Hoekstra 在虚拟水理论的基础上参考生态足迹的概念，于 2002 年首次提出水足迹（water footprint）的概念[30]。一种产品的水足迹被定义为该产品在其生产供应链中的用水量之和[40]。水足迹有别于传统的直接取水指标以及虚拟水的概念，是包含了多重理论界定的综合评价指标。

水足迹由蓝水足迹、绿水足迹和灰水足迹构成，每种组成部分在时间和地点上都明显区别于其他组分。蓝水足迹是指产品对蓝水资源（地表水和地下水）的使用，绿水足迹是产品在其供应链中对绿水资源（不会成为径流的雨水）的使用。灰水足迹与前两者不同，它的定义参考了生态足迹理论，数量等于将一定的污染物负荷稀释至自然浓度所需要的淡水体积。在这个分类基础上，Hoekstra 等分别建立了过程水足迹、产品水足迹、消费者水足迹、地理区域水足迹、国家水足迹、流域水足迹、行政单位水足迹以及企业水足迹等一系列的水资源核算框架，获得了非常丰富的研究成果。由于其相对完善的理论基础，因此水足迹理论在各种产品和经济体的水资源核算领域都得到了广泛的应用。

Mekonnen 和 Hoekstra 计算了 1996 年到 2005 年的十年间，全球 230 个国家和地区的省市级区域的 146 种农作物、超过 200 种农产品和 8 种家畜家禽及其产品的蓝水足迹、绿水足迹和灰水足迹[41,42]，并在此基础上对各国的水足迹、国际贸易体现的水足迹以及各地居民的水足迹进行了核算和分析[43,44]。某些典型工程的水足迹也引起了人们的关注。为了保障能源的供应和减少温室气体的排放，生物质燃料被推荐用于替代化石能源。然而，生物质燃料在生长的过程中会使用大量的水资源。Gerbens-Leenes 等对全球范围内的 12 种生物质燃料作物的水足迹进行了分析[45]。也有不同的专家学者针对风电工程和水电工程的水足迹进行了研究[46,47]。此外，还有大量其他的水足迹研究[48,49]。

水足迹理论将水资源的使用形象地比喻为人类留下的不可消减的脚印，直观易懂，能有效地唤起普通民众保护水资源的意识。与此同时，相对于虚拟水理论来说，水足迹理论的对象更为广泛（不仅针对产品和服务，还可以针对消费者、国家等行为主体），层次更为复杂（如水足迹被分为蓝水足迹、绿水足迹与灰水足迹），应用也更为丰富。水足迹理论从关心农作物的蒸散水出发，对农业生产或基于直接可用水的管理有重要的指导意义。水足迹理论重点强调消耗性用水，例如农业蒸散水和工业渗漏水等（针对前者的研究已经非常成熟，后者由于数据获取的限制，只能采用较为粗糙的估算）。例如，Hoekstra 等人的研究简单地将工业用水总量的 10%和居民用水总量的 15%当作消耗性用水[43,44]。

1.2.3 体现水

体现的思想起源于著名系统生态学家 H. T. Odum 的体现能理论[50-53]。Odum 认为，任何产品或服务都能通过生产过程中直接或间接体现的某种有用能来进行统一衡量，这种有用能的总量被称为能值（emergy）。由于太阳能一般被认为是地球上能源的根本来源，因此通常使用太阳能作为核算的基准，将某种产品或服务在其生产过程中直接或间接投入的太阳能之和定义为该产品和服务的能值。能值理论认为，人类社会经济系统是自然生态系统的一部分，将自然环境要素与社会经济要素置于同一个核算平台，为人类审视生态环境与社会经济之间的关系提供了全新的视角。

陈国谦课题组将体现的思想发展完善并扩展至整个生态环境领域，将生态中的重要要素，包括各种实际存在的自然资源（如水资源、化石能源、土地资源和矿产资源等）、环境排放和污染（如温室气体、固体废弃物）以及自然资源的综合衡量指标（如能值、㶲值等），定义为生态要素，并将产品或服务在生产过程中直接和间接占用的生态要素总量定义为体现生态要素[54]，提出了体现生态要素的统一核算框架[9, 54-59]。

体现水资源（embodied water resources）是体现生态要素的一种，即某种产品或服务在生产或制造周期内直接和间接使用的水资源的总和。它是一个边际使用的概念，指代整个经济系统内为提供该产品或服务所造成的水资源使用量的变化。参照 Odum 提出的能值转换率的概念，体现水资源强度被定义为单位产品或服务在生产或制造周期内所直接和间接使用的水资源的总和。对于国家和城市等经济体或责任主体来说，体现水（为行文简洁，本书也将体现水资源写作体现水，两者的概念和内涵完全相同）是该经济体在某个时间段内消费的所有产品和服务的体现水之和。

在体现生态要素的统一核算框架下，体现水核算方法已被用于分析世界经济、中国经济、北京经济和澳门经济等多个经济体的体现水[9, 33, 55, 56, 60, 61]。体现水关注从自然环境进入经济体系中的全部水资源（区分于水足迹的消耗性用水），重在研究水资源在社会经济内流转和分配。从操作性来说，体现水理论可与经济投入产出方法相结合，从而有效地避免以往水研究常用的过程分析方法的截断误差，进而对每个产品、服务和工程的边际水资源使用量进行完整准确的追溯。

1.2.4　水资源投入产出分析

经济投入产出方法是由著名经济学家瓦西里·列昂惕夫（W. W. Leontief）于 20 世纪 30 年代建立的[62, 63]，该方法通过构建经济投入产出模型及编制经济投入产出表，使用矩阵运算来反映一定时期内某个经济体不同部门或产业之间的相互联系和平衡关系。由于经济投入产出方法实现了经济内部产品流转的完整模拟，因此在宏观尺度的环境核算研究（包括水资源核算研究）中得到了非常广泛的应用。这些研究分别基于环境投入产出方法和生态投入产出方法对产品、服务以及责任主体的资源使用和环境影响开展了核算分析。

环境投入产出方法由瓦西里·列昂惕夫提出，立足于最终消费拉动生产的观点，利用 Leontief 逆矩阵（完全需求系数矩阵）将环境污染及资源使用（包括水资源）直接摊派到最终的消费活动中[64, 65]。之后的很多研究都直接引用 Leontief 逆矩阵来研究最终消费的变化对资源使用和环境污染的影响，因此这些研究均可被称为环境投入产出研究。然而，由于环境投入产出方法只针对最终消费产品来定义，因此模拟结果也只适用于最终消费产品，而不能被用于中间投入产出产品及生产过程，例如各种产业和工程环境影响的分析。对国家等区域经济体而言，其经济的正常运转可能涉及大量的进出口活动。由于尺度转换问题的存在，作为最终消费产品的出口产品很可能被进口国当作中间产品再投入生产。环境投入产出研究受理论所限无法对这些情况进行区分，因而也无法得到国家等责任主体的真实资源使用和环境排放。

针对这一问题，陈国谦课题组提出了生态投入产出方法[9, 54-56, 59]。生态投入产出方法与环境投入产出方法有本质的区别。生态投入产出方法基于各种生态要素在系统内部的平衡和流动关系对各种产品和服务的体现生态要素进行完整统一的核算，有效克服了环境投入产出方法的弊端。该方法的核算结果不但能被用于核算体现在最终消费产品中的水资源（涵盖了环境投入产出方法的核算范围），还能对体现在中间投入产出产品中的水资源进行核算，从而大大扩展了投入产出模拟的适用范围，为各个尺度的环境与生态核算提供了更加完善、可靠的理论方法。生态投入产出方法自提出以来得到了非常广泛的应用，陈国谦课题组对不同层次的宏观经济体（世界经济、国家经济和区域经济等）的各种体现生态要素（体现温室气体排放、体现化石能源消耗、体现水、资源㶲、能值和㶲值等）进行了系统的核算与分析[11, 54, 56, 58, 59]。

不同的经济体由于生产技术和经济结构的不同，生产的同一产品实质上具有不同的生态要素强度。以往的环境投入产出研究没有办法对它们进行区分，而生态投入产出方法从基础上解决了这个问题，在建立平衡关系式时就对系统内外的产品进行了区分。但受数据获取的限制，早期的生态投入产出研究大多采用了假定系统外产品与系统内的产品具有相同的体现生态要素强度的近似处理方法。针对这一点，陈国谦课题组于 2011 年进一步提出了多尺度投入产出模拟方法（由于这一概念在生态投入产出方法的框架下提出，因此本书所涉及的这一概念均隐含生态投入产出模拟的前提）[66]。由于世界经济与外界没有产品交流，该方法首先从世界经济着手，模拟得到世界经济平均的体现生态要素强度（简称体现强度）。然后从世界经济依次往下，在子系统的生态要素核算过程中引入上层系统的体现强度数据库，对国家（次世界级）、地区（次国家级）乃至更低尺度经济体的体现生态要素进行模拟。这种方法能够简化投入产出模拟，大大降低了投入产出模拟对数据的要求。

我们以北京市为例来进行说明。北京市除了消费本市生产的产品，还从国内其他省（区、市）调入产品，并从国外进口产品。这些外来产品的生产技术与北京市不同，其所在经济体的结构也与北京不同，因此其体现生态要素也与北京市生产的产品完全不同。多尺度投入产出模拟基于北京经济的投入产出模拟引入全球与全国尺度的体现强度数据库，在能够明确分辨国际进口、国内调入与本地生产引发的体现生态要素使用的同时，大大降低了投入产出模拟的数据要求。陈国谦和郭珊在多尺度投入产出分析方面做了大量的工作，研究分析了在多责任主体、多节能减排目标下的北京市体现温室气体排放和体现能源消费情况[67-71]。

本书基于体现生态要素理论框架和多尺度投入产出模拟方法，提出了体现水的单尺度和多尺度投入产出模拟方法。针对前一节提出的水资源领域亟待解决的问题，体现水投入产出模拟方法能够在宏观尺度为国际水争端的解决和国内水责任的分解提供政策建议，在有效避免以往研究的弊端的同时提供科学的理论依据。此外，基于体现水投入产出模拟方法得到的产品体现水强度同时适用于最终消费产品和中间产品，能够为工程水资源核算提供强有力的数据支持。

1.2.5　工程水资源核算

常见的工程水资源核算方法分为过程分析方法和投入产出分析方法两种。过程分析方法通常也被称为生命周期方法，是以过程分析为基本出发点，通过生命周期清单分析得到所研究对象的输入和输出数据清单，进而计算其全生命周期环境影响的一种方法。过程分析方法试图尽可能详尽地对生产某一对象的相关关键过程进行追溯，然后计算所有被追溯过程的水资源投入之和作为该对象的水资源使用的近似值。由于费时费力，过程分析方法通常在追溯有限的步骤后被中止，由此带来不可避免的截断误差[3]。

　　与过程分析方法不同，投入产出分析方法具有完备的理论基础，是一种真正的系统研究方法。该方法以经济投入产出表为基础，使用矩阵运算来分析不同部门或产业之间的相互关系。投入产出分析方法实现了对经济的完整模拟，因此也避免了过程分析方法的截断误差。与过程分析方法相比，投入产出分析方法还具有更好的系统性和一致性。投入产出分析方法能够在把握所有产品间关联的前提下同时得到某个经济系统中所有产品和服务的生命周期水强度（即体现水强度），而过程分析方法只限于单独的产品或服务。由于精力有限，不同产品的体现水强度通常由不同的研究者计算获得。这些研究的边界不一，不同的研究者关心的关键步骤也不同，因此得到的数据也不具有可比性。另一方面，由于生产效率和经济结构不同，不同地区的同一产品的水强度一般不同，甚至同一个国家在不同年份生产的同一产品的体现水强度也不尽相同。投入产出分析方法可随着投入产出统计数据的更新而更新，能够保证提供可靠的、最新的、符合当地实际情况的数据。而过程分析方法由于难以开展，可供使用的数据非常少，很多时候不得不采用来自其他国家或者多年以前的数据。这些数据不仅不可靠，还有可能给出错误甚至相反的结果。

　　虽然投入产出分析方法相对过程分析方法有诸多优点，但其也有自身无法克服的弱点。受数据获取的限制，经济投入产出表通常只能在一个粗略的层面上将近乎无限多的对象归结为有限的类别（类别数通常在数十至数百之间），也因此丧失了一定的精度。我们只能通过投入产出分析方法得到某个产业平均的体现水强度，而无法区分同一行业内部不同产品体现水强度的差异。此外，经济投入产出表列出的都是一些生产量大的主流产品，无法提供一些非典型的产品与技术，例如风能、太阳能的体现水强度。从这一意义上来说，过程分析方法也有其优越性，常被用于计算某些特殊的产品和服务的体现水强度数据[72-75]。

　　综上所述，两种方法各有优越性，适用的场合也有所不同。由于宏观尺度权威的经济投入产出数据一般可被获取，且宏观尺度分析对数据详细程度的要求并不是很高，加上对宏观尺度经济体进行过程分析可能非常繁琐，我们一般使用投入产出分析方法来研究宏观经济体，例如研究世界经济、国家经济或区域经济的体现水。对规模较小且不属于投入产出表典型产业的工程进行研究时，考虑到投入产出分析方法能够完整涵盖所有对象之间的普遍关联，而过程分析方法能够对微观对象进行针对性的分析，Bullard 等于 20 世纪 70 年代首先提出了将投入产出分析与过程分析相结合的混合分析方法[3]。该方法自提出后被广泛运用于计算各种工程不同的体现生态要素[76-81]。

本研究采用混合分析方法对工程体现在生命周期中的水资源使用量进行分析。与此同时，为了与其他混合分析研究进行区分，本书进一步将应用了体现水投入产出模拟建立的体现水强度数据库的混合分析方法定义为系统核算方法。如上节所述，体现水投入产出模拟方法能够同时获得中间产品与最终消费产品的体现水强度，有效避免了以往环境投入产出方法只能针对最终消费产品的弊端。由于引入了体现水强度数据库，系统核算方法大大提高了工程水核算研究的准确性，能够为工程节水工作的开展和节水技术的推广提供更为可靠的数据支持。

1.3　研究内容

1.3.1　体现水投入产出模拟

本书在丰富和完善体现水理论的基础上，提出了体现水单尺度和多尺度投入产出模拟方法，对不同尺度的宏观经济系统体现在生产和消费以及对外贸易中的水资源使用进行了完整的追踪和模拟。在此基础上，本书以世界经济、中国经济和北京经济为例开展了体现水投入产出模拟的案例研究，具体包括以下三方面的内容。

（1）世界经济 2017 年体现水投入产出模拟。根据 EXIOBASE 数据库中的世界经济投入产出表对世界经济 2017 年 48 个国家和地区的体现水进行模拟和核算，并在此基础上对世界经济的 182 个产业部门的体现水以及体现在国际贸易中的水资源进行模拟。

（2）中国经济 2017 年体现水投入产出模拟。基于世界经济 2017 年体现水的模拟结果对中国经济 2017 年产业间的体现水关联和体现在进出口产品中的水资源进行模拟。

（3）北京经济 2017 年体现水三尺度投入产出模拟。利用世界经济和中国经济 2017 年体现水强度数据库，对北京经济 2017 年 42 个产业部门的体现水进行三尺度投入产出模拟和核算，并在此基础上对北京市产业间的体现水关联以及体现在国际贸易和国内贸易中的水资源进行模拟。

1.3.2　工程体现水系统核算

本书基于体现水理论提出了过程分析与体现水投入产出模拟相结合的系统核算方法，对工程的体现水进行系统核算。本书还引入了体现水强度数据库对典型的可再生能源工程和污水处理工程的体现水开展案例研究，具体包括以下两方面的内容。

（1）可再生能源工程的体现水系统核算。选取典型的案例工程，基于工程体现水的系统核算方法，利用合适的体现水强度数据库核算分析案例可再生能源工程的体现水。

（2）污水处理工程的体现水系统核算。选取典型的传统污水处理工程和生态污水处理工程，基于工程体现水的系统核算方法，利用合适的体现水强度数据库核算分析案例污水处理工程的体现水。

第 2 章

体现水多尺度核算方法

体现水理论从水资源在系统内外的平衡和流动关系出发,对各种产品和服务的水资源使用进行了完整统一的核算,能为各个尺度的水资源核算提供有力支撑。本章基于体现水理论提出一整套体现水多尺度核算方法,包括体现水投入产出模拟方法和工程体现水系统核算方法两部分内容。其中,体现水投入产出模拟方法有单尺度和多尺度两种,可用于世界、国家、区域等不同尺度宏观经济系统体现水的核算分析;工程体现水系统核算方法主要用于各类工程系统体现水的核算分析。

2.1 体现水投入产出模拟方法

2.1.1 体现水单尺度投入产出模拟方法

通过引入生态要素流并将其与经济流关联,投入产出方法可用于体现生态要素的计算。对于不考虑与外界产品交流的单尺度封闭经济系统(例如世界经济),关联了生态要素(在本书中专指水资源)流的投入产出表基本结构见表 2-1[55]。其中,$z_{i,j}$ 表示从部门 i 投入到部门 j 的经济流;d_i 表示部门 i 提供给系统内最终使用的经济流;x_i 表示部门 i 的总经济产出;w_i 表示投入到系统内部门 i 的劳动力和政府服务等非产业性投入;$F_{k,i}$ 表示系统内部门 i 直接使用的第 k 种水资源的量。

单独针对经济流来说,部门 i 的总经济产出 x_i 遵循以下平衡,即部门 i 的总经济产出等于部门 i 提供的中间使用加上最终使用,即

$$x_i = \sum_{j=1}^{n} z_{i,j} + d_i \tag{2-1}$$

表 2-1 世界经济投入产出表基本结构

投入 \ 产出		中间使用			最终使用	总产出
		部门 1	…	部门 n		
中间投入	部门 1	$z_{1,1}$	…	$z_{1,n}$	d_1	x_1
	⋮	⋮	…	⋮	⋮	⋮
	部门 n	$z_{n,1}$	…	$z_{n,n}$	d_n	x_n
非产业性投入	工资、政府服务等	w_1	…	w_n		
直接水资源使用（投入）	水资源 1	$F_{1,1}$	…	$F_{1,n}$		
	⋮	⋮	…	⋮		
	水资源 m	$F_{m,1}$	…	$F_{m,n}$		

根据上述投入产出表及其平衡关系，参考 Chen 和 Chen 的研究，本书用如图 2-1 所示展现体现在部门 i 经济流中的水资源流的投入产出平衡关系，引入记号 $\varepsilon_{k,i}$ 表示部门 i 所产出产品的体现水强度[55]。

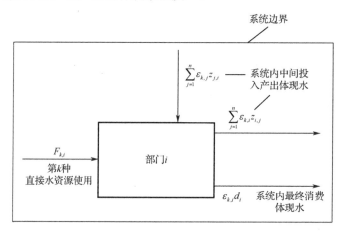

图 2-1 体现在部门 i 经济流中的水资源流的投入产出平衡关系（以第 k 种水资源为例）

图中，水资源流的投入产出平衡关系可表示为

$$F_{k,i} + \sum_{j=1}^{n} \varepsilon_{k,j} z_{j,i} = \varepsilon_{k,i} \left(\sum_{j=1}^{n} z_{i,j} + d_i \right) \tag{2-2}$$

对于包含 n 个部门和要考虑的 m 种水资源的一个世界经济单尺度系统，可以把式（2-2）表示为矩阵形式，即

$$\boldsymbol{F} + \varepsilon \boldsymbol{Z} = \varepsilon \boldsymbol{X} \tag{2-3}$$

其中，$\boldsymbol{F}=[F_{k,i}]_{m\times n}$；$\boldsymbol{\varepsilon}=[\varepsilon_{k,i}]_{m\times n}$；$\boldsymbol{Z}=[z_{i,j}]_{n\times n}$；$\boldsymbol{X}=[x_{i,j}]_{n\times n}$。当 $i=j$ 时，$x_{i,j}=x_i$。当 $i\neq j$ 时，$x_{i,j}=0$。世界经济各部门产品的体现水强度矩阵公式为

$$\boldsymbol{\varepsilon}=\boldsymbol{F}(\boldsymbol{X}-\boldsymbol{Z})^{-1} \tag{2-4}$$

只要将任意产品的体现水强度乘以相应的经济流的量，即可得到体现在该产品流中的体现水量。

2.1.2　体现水多尺度投入产出模拟方法

除了世界经济和少数与外界交流较少的经济体，大多数经济体都与系统外有着不能忽视的产品交流及与之相伴的体现水的流动。本书提出体现水多尺度投入产出模拟方法对系统外进入系统内的产品进行模拟。下面以区域经济（次国家级，即省市级）的体现水三尺度投入产出分析为例，说明体现水多尺度投入产出模拟方法。表 2-2 给出了区域经济的三尺度投入产出表基本结构。与表 2-1 相比，该表将区域经济与国家经济（调入和调出）和世界经济（进口和出口）间的产品交流都考虑了进来。

表 2-2　区域经济的三尺度投入产出表基本结构

投入＼产出		中间使用			最终使用			总产出
		部门 1	⋯	部门 n	系统内	调出	出口	
系统内中间投入	部门 1	$z^{\mathrm{L}}_{1,1}$	⋯	$z^{\mathrm{L}}_{1,n}$	y^{L}_1	$e^{\mathrm{L}}_{1,d}$	$e^{\mathrm{L}}_{1,m}$	x_1
	⋮	⋮		⋮	⋮	⋮	⋮	⋮
	部门 n	$z^{\mathrm{L}}_{n,1}$	⋯	$z^{\mathrm{L}}_{n,n}$	y^{L}_n	$e^{\mathrm{L}}_{n,d}$	$e^{\mathrm{L}}_{n,m}$	x_n
调入中间投入	部门 1	$z^{\mathrm{D}}_{1,1}$	⋯	$z^{\mathrm{D}}_{1,n}$	y^{D}_1	$e^{\mathrm{D}}_{1,d}$	$e^{\mathrm{D}}_{1,m}$	
	⋮	⋮		⋮	⋮	⋮	⋮	
	部门 n	$z^{\mathrm{D}}_{n,1}$	⋯	$z^{\mathrm{D}}_{n,n}$	y^{D}_n	$e^{\mathrm{D}}_{n,d}$	$e^{\mathrm{D}}_{n,m}$	
进口中间投入	部门 1	$z^{\mathrm{M}}_{1,1}$	⋯	$z^{\mathrm{M}}_{1,n}$	y^{M}_1	$e^{\mathrm{M}}_{1,d}$	$e^{\mathrm{M}}_{1,m}$	
	⋮	⋮		⋮	⋮	⋮	⋮	
	部门 n	$z^{\mathrm{M}}_{n,1}$	⋯	$z^{\mathrm{M}}_{n,n}$	y^{L}_n	$e^{\mathrm{M}}_{n,d}$	$e^{\mathrm{M}}_{n,m}$	
非产业性投入	工资、政府服务等	w_1		w_n				
直接水资源使用	水资源 1	$F_{1,1}$		$F_{1,n}$				
	⋮	⋮		⋮				
	水资源 m	$F_{m,1}$		$F_{m,n}$				

在表 2-2 中，$z_{i,j}^{L}$ 表示从系统内部门 i 投入到系统内部门 j 的经济流，$z_{i,j}^{D}$ 表示从国家经济部门 i 投入到系统内部门 j 的经济流，$z_{i,j}^{M}$ 表示从世界经济部门 i 投入到系统内部门 j 的经济流；y_{i}^{L}、y_{i}^{D}、y_{i}^{M} 分别表示系统内、国家经济、世界经济部门 i 提供给系统内最终使用的经济流；$e_{i,d}^{L}$ 和 $e_{i,m}^{L}$ 分别表示从系统内部门 i 输出到国家经济和世界经济的经济流；x_{i} 表示部门 i 的总经济产出；w_{i} 表示投入到系统内部门 i 的劳动力和政府服务等非产业性投入；$F_{k,i}$ 表示系统内部门 i 直接使用的第 k 种水资源的量。

单独针对经济流来说，部门 i 的总经济产出 x_{i} 遵循以下平衡，即

$$x_i = \sum_{j=1}^{n} z_{i,j}^{L} + y_i^{L} + d_{i,d}^{L} + d_{i,m}^{L} \qquad (2\text{-}5)$$

部门 i 的总经济产出等于部门 i 提供给本地的中间使用和最终消费与部门 i 的调出和出口之和，最终消费与调出和出口的和也被称为最终使用。

根据上述投入产出表及其平衡关系，参考 Chen 和 Chen 及郭珊的研究[55, 67-69]，本书利用如图 2-2 所示来描绘体现在区域经济部门 i 经济流中的水资源流的投入产出平衡关系。

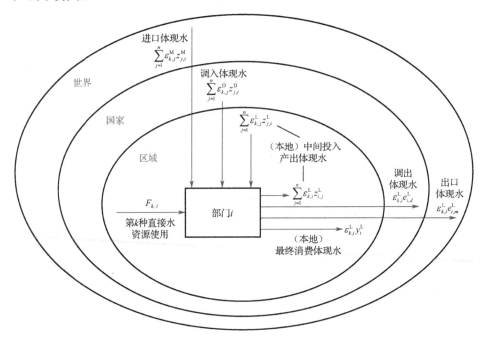

图 2-2　体现在区域经济部门 i 经济流中的水资源流的投入产出平衡关系（以第 k 种水资源为例）

在图 2-2 中，引入记号 $\varepsilon_{k,i}^{\mathrm{L}}$、$\varepsilon_{k,i}^{\mathrm{D}}$ 和 $\varepsilon_{k,i}^{\mathrm{M}}$ 分别表示区域经济、国家经济和世界经济部门 i 所产出产品的体现水强度，最终部门 i 的水资源平衡关系可表示为

$$F_{k,i} + \sum_{j=1}^{n} \varepsilon_{k,j}^{\mathrm{L}} z_{j,i}^{\mathrm{L}} + \sum_{j=1}^{n} \varepsilon_{k,j}^{\mathrm{D}} z_{j,i}^{\mathrm{D}} + \sum_{j=1}^{n} \varepsilon_{k,j}^{\mathrm{M}} z_{j,i}^{\mathrm{M}} = \varepsilon_{k,i}^{\mathrm{L}} \left(\sum_{j=1}^{n} z_{i,j}^{\mathrm{L}} + y_i^{\mathrm{L}} + e_{i,d}^{\mathrm{L}} + e_{i,m}^{\mathrm{L}} \right) \quad (2\text{-}6)$$

对于包含 n 个部门且要考虑 m 种水资源的区域经济系统，可以把式（2-6）表示为矩阵形式，即

$$\boldsymbol{F} + \boldsymbol{\varepsilon}^{\mathrm{L}} \boldsymbol{Z}^{\mathrm{L}} + \boldsymbol{\varepsilon}^{\mathrm{D}} \boldsymbol{Z}^{\mathrm{D}} + \boldsymbol{\varepsilon}^{\mathrm{M}} \boldsymbol{Z}^{\mathrm{M}} = \boldsymbol{\varepsilon}^{\mathrm{L}} \boldsymbol{X} \quad (2\text{-}7)$$

其中，$\boldsymbol{F} = [F_{k,i}]_{m \times n}$；$\boldsymbol{\varepsilon}^{\mathrm{L}} = [\varepsilon_{k,i}^{\mathrm{L}}]_{m \times n}$；$\boldsymbol{\varepsilon}^{\mathrm{D}} = [\varepsilon_{k,i}^{\mathrm{D}}]_{m \times n}$；$\boldsymbol{\varepsilon}^{\mathrm{M}} = [\varepsilon_{k,i}^{\mathrm{M}}]_{m \times n}$；$\boldsymbol{Z}^{\mathrm{L}} = [z_{i,j}^{\mathrm{L}}]_{n \times n}$；$\boldsymbol{Z}^{\mathrm{D}} = [z_{i,j}^{\mathrm{D}}]_{n \times n}$；$\boldsymbol{Z}^{\mathrm{M}} = [z_{i,j}^{\mathrm{M}}]_{n \times n}$；$\boldsymbol{X} = [x_{i,j}]_{n \times n}$。当 $i = j$ 时，$x_{i,j} = x_i$；当 $i \neq j$ 时，$x_{i,j} = 0$。

相应的体现水强度矩阵公式为

$$\boldsymbol{\varepsilon}^{\mathrm{L}} = (\boldsymbol{F} + \boldsymbol{\varepsilon}^{\mathrm{D}} \boldsymbol{Z}^{\mathrm{D}} + \boldsymbol{\varepsilon}^{\mathrm{M}} \boldsymbol{Z}^{\mathrm{M}})(\boldsymbol{X} - \boldsymbol{Z}^{\mathrm{L}})^{-1} \quad (2\text{-}8)$$

只要将任意产品的体现水强度乘以相应的经济流的量，就可以得到体现在该对象中的体现水量。

对式（2-7）进行变形，可以得到

$$\boldsymbol{F} + \boldsymbol{\varepsilon}^{\mathrm{D}} \boldsymbol{Z}^{\mathrm{D}} + \boldsymbol{\varepsilon}^{\mathrm{M}} \boldsymbol{Z}^{\mathrm{M}} = \boldsymbol{\varepsilon}^{\mathrm{L}} (X - Z^{\mathrm{L}}) \quad (2\text{-}9)$$

从区域经济的整体层面来看，与区域经济有关的体现水流动包括本地直接水资源使用（direct water withdrawal，DWW）、调入产品体现水（embodied water of demestic imports，$\mathrm{EWI_d}$）、进口产品体现水（embodied water of foreign imports，$\mathrm{EWI_f}$）、调出产品体现水（embodied water of demestic exports，$\mathrm{EWE_d}$）、出口产品体现水（embodied water of foreign emports，$\mathrm{EWE_f}$）、本地最终消费体现的水资源（embodied water of final consumption，EWC）、本地最终使用体现的水资源（embodied water of final uses，EWU）、国内贸易净体现水（net embodied water of demestic trades，$\mathrm{EEB_d}$）和国际贸易净体现水（net embodied water of foreign trades，$\mathrm{EEB_f}$）等。

根据式（2-8），可以得到

$$\mathrm{DWW} + \mathrm{EWI_d} + \mathrm{EWI_f} = \mathrm{EWU} \quad (2\text{-}10)$$

即本地直接水资源使用、调入产品体现水、进口产品体现水之和等于本地最终使用体现的水资源。由于本地最终使用体现的水资源等于本地最终消费体现的水资源、调出产品体现水、出口产品体现水之和，因此

$$\mathrm{DWW} + \mathrm{EWI_d} + \mathrm{EWI_f} = \mathrm{EWE_d} + \mathrm{EWE_f} + \mathrm{EWC} \quad (2\text{-}11)$$

可以推出

$$EWC = DWW + EWI_d + EWI_f - EWE_d - EWE_f \qquad (2\text{-}12)$$

和

$$EWC = DWW + EEB_d + EEB_f \qquad (2\text{-}13)$$

可以看出,本地最终消费体现的水资源等于本地直接水资源使用加上体现在进口和调入产品中的水资源减去体现在出口和调出产品中的水资源。

2.2 工程体现水系统核算方法

本书采用过程分析方法与体现水投入产出方法相结合的系统核算方法对工程体现在生命周期中的水资源使用进行核算,具体核算流程如图 2-3 所示。

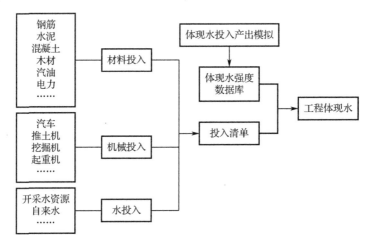

图 2-3　工程体现水系统核算流程

（1）建立目标工程的生命周期投入清单。

基于过程分析方法建立目标工程的投入清单是系统计量体现水的基础工作。工程任一阶段任一过程涉及的清单项目一般可以分为材料、机械和水等三类。材料是指在工程建造或运行中一次性投入的物资。除了钢筋、水泥等的常见的材料,汽油和电力等的能源投入也被归入材料。这是因为汽油和电力等投入也属于一次性投入,被使用后不能在他处再被利用。机械是指某些暂时被租赁使用,还可供其他工程使用的机械设备、电子设备等。由于机械设备并非只供研究的工程使用,因此在计算其体现水时应当考虑投入的工作时间与设计寿命的比例。

水是指工程直接使用的各种水，一般包括工程自行开采的水资源和使用的自来水。这两者的来源不同，含义也不同。前者可被定义为工程的直接水资源使用，其体现水即为水开采量（当然，在开采过程中使用的各种投入也需要被纳入投入清单）。后者的体现水与其直接供应水量并不相同，因为水供应产业已经成为一个独立的、与其他产业有着复杂关联的产业，供应每单位自来水所使用的体现水总量可由投入产出分析方法给出。

由于本书使用的体现水系统核算方法是以通过投入产出分析得到的体现水强度数据库为基础的，因此最终得到的清单需要列出购置各项材料的费用、设备的使用时间和设计寿命，以及直接开采的水资源量。

（2）选取合适的体现水强度数据库。

由于生产效率和经济结构的不同，不同经济体生产的同一产品，甚至同一经济体在不同年份生产的同一产品均具有不同的体现水强度，因此本书提出选取体现水强度数据库的两个要求：一是在时间方面，目标工程的产品投入应当是在数据库所关注的时间段内生产的；二是在空间方面，目标工程的产品投入应当来源于数据库所关注的经济体。鉴于同一工程不同的产品投入可能是在不同的时间段或由不同的经济体（包括同一尺度内平行的不同经济体或不同尺度的经济体）生产的，最后选取的数据库可能不止一个。这一方面要求在建造清单时同时应关注各项投入的产地、生产时间等附加信息，另一方面也从侧面反映了体现水投入产出分析的优越性，即能够依靠不同经济体在不同年份的统计数据建立各个经济体的时间序列体现水强度数据库。

（3）确定各项投入的体现水强度。

在确定体现水强度数据库的基础上，根据各项投入的性质确定该产品的生产部门，得到各项投入的体现水强度。虽然大部分产品的生产部门都较为直观，但由于投入产出统计中的产品部门数量有限（通常在几十到几百个之间），因此有部分产品无法快速确定其生产部门，需要对投入产出统计规则进行详细的研读和分析。以中国经济的投入产出统计为例，电力显然是由"电力、热力的生产和供应业"生产供应的。对于混凝土，非但无法直接判断生产部门，还很有可能误判其是由"水泥、石灰和石膏的制造业"生产的。实际上，根据中国投入产出表部门分类解释及代码[82]，混凝土是由"水泥及石膏制品制造业"生产制造的。

（4）计算目标工程的体现水。

根据清单项目的投入量及其体现水强度数据核算各项产品投入的体现水，并将其与直接水资源使用量相加，最终得到目标工程的体现水总量，相应的核算公式为

$$W \equiv W_{\text{ind}} + W_{\text{d}} = \sum_{j=1}^{n}(I_j \times C_j) + W_{\text{d}} \tag{2-14}$$

其中，W 是目标工程的体现水；W_{ind} 和 W_{d} 分别是目标工程的间接水资源和直接水资源使用；I_j 和 C_j 分别是第 j 项产品投入的体现水强度和成本。

第 3 章

世界经济体现水分析

本章应用前文提出的体现水单尺度投入产出模拟方法，对世界经济 2017 年 48 个国家和地区的体现水进行模拟。在此基础上，首先，分析世界经济平均体现水强度和世界最终使用体现水量；其次，分析各个国家和地区的体现水总量和人均体现水量；最后，分析国际贸易体现水量，揭示进口、出口以及净进口和净出口体现水量最大的国家和地区。

3.1 数据处理

由于世界各国的生产技术不同，经济结构也不同，因此同一个产品在不同国家和地区的体现水强度也是不同的。如果将不同国家和地区生产的同类产品看作各自独立的生产部门提供的不同产品，就可以通过建立这些部门间的投入产出关系对整个世界经济进行模拟。由于世界经济系统是目前地球上最大的经济系统，与系统外再无经济交流，因此世界层面的投入产出模拟不需要考虑与系统外产品的交流。

世界经济投入产出表是分析世界经济投入产出的基础，需要非常大的数据量。为了保证每个国家或地区内部的产业都具有足够的区分度，每个国家或地区都需要配置一定数量的产业部门。由于世界上国家和地区的数量众多，因此最后累加而成的经济投入产出表的总部门数相当可观。目前，世界各国的统计部门都会定期发布经济投入产出表，在全世界范围内有多个机构和专家学者以此为基础提出了多个世界经济投入产出表数据库（见表 3-1）。

表 3-1　现有的世界经济投入产出表

数据库名	贡 献 者	覆 盖 区 域	年 份
GTAP10	美国普渡大学（Purdue University）	全球 141 个国家和地区	2004，2007，2011，2014
OECD ICIO	经济合作与发展组织（Organization for Economic Co-operation and Development，OECD）	全球 76 个国家和地区	1995—2020
EXIOBASE	欧洲联盟（European Union）	全球 49 个国家和地区	1995—2022
WIOD	荷兰格罗宁根大学（University of Groningen）	全球 43 个国家和地区	2000—2014
Eora MRIO	澳大利亚悉尼大学（The University of Sydney）Lenzen 等	全球 186 个国家和地区	1990—2021
Asian International Input-Output Table	亚洲经济研究所（IDE-JETRO）	9 个亚洲国家和美国	1985，1990，1995，2000，2005
CEADs EMERGING Model	中国碳核算数据库	全球 245 个国家和地区	2010，2015—2019

在综合考虑水资源使用数据的可得性后，本研究采用 2017 年的 EXIOBASE 数据库对世界经济的体现水展开多区域投入产出分析。该数据库融合了经济投入产出表、劳动力投入、能源供应和使用、温室气体排放、材料开采、土地和工业用水等数据，涉及 48 个国家和地区（见附录 A.1）、每个国家或地区的 200 个经济部门，时间跨度从 1995 年到 2022 年。由于 EXIOBASE 数据库未提供农业用水数据，因此本研究从世界银行数据库获取了各国逐年的农业用水数据。由于世界银行提供的农业用水数据并未对不同的农业部门进行细分，因此本书将 EXIOBASE 数据库中的农业子部门 1～19 合并为一个总的农业部门，最终的分析共涵盖 182 个部门（见附录 A.2）。

表 3-2 列出了 2017 年直接水资源使用量居全世界前二十位的国家的开采情况。印度和中国在全世界直接水资源使用量中的占比显著，分别为 23.0% 和 12.7%。印度以其庞大的农业用水需求在全球各经济体中遥遥领先，直接农业用水量是中国的两倍多，几乎是美国的五倍。中国虽然在直接农业用水量上远低于印度，但在直接工业用水量上则超过印度，表明工业部门的水资源需求是相当重要的。与此同时，美国作为全球第三大直接水资源使用国，直接农业和工业用水量相对平衡，展现了一个更加多样化的用水结构。

表 3-2　2017 年直接水资源使用量居全世界前二十位的国家的开采情况

序号	缩写	国家	直接农业用水（单位：亿立方米）	直接工业用水（单位：亿立方米）	总直接用水（单位:亿立方米）	全球占比
1	IN	印度	8176.0	982.1	9158.1	23.0%
2	CN	中国	3766.0	1277.0	5043.0	12.7%
3	US	美国	1762.0	1886.7	3648.7	9.2%
4	ID	印度尼西亚	1897.0	78.3	1975.3	5.0%
5	MX	墨西哥	668.0	50.9	718.9	1.8%
6	TR	土耳其	500.5	125.5	626.0	1.6%
7	JP	日本	514.0	73.4	587.4	1.5%
8	BR	巴西	394.3	123.8	518.1	1.3%
9	RU	俄罗斯	186.6	330.6	517.2	1.3%
10	KR	韩国	176.9	257.6	434.5	1.1%
11	IT	意大利	211.1	139.7	350.8	0.9%
12	CA	加拿大	26.4	250.1	276.5	0.7%
13	ES	西班牙	203.6	64.1	267.7	0.7%
14	DE	德国	3.0	239.6	242.6	0.6%
15	PT	葡萄牙	187.2	12.1	199.3	0.5%
16	ZA	南非	113.9	12.9	126.8	0.3%
17	AU	澳大利亚	105.0	9.1	114.1	0.3%
18	GR	希腊	90.4	7.3	97.7	0.2%
19	PL	波兰	10.2	77.4	87.6	0.2%
20	BE	比利时	0.4	68.9	69.3	0.2%

3.2　世界整体体现水量

3.2.1　平均体现水强度

本研究通过加权平均（以产值所占比例为权重）得到了全球经济 2017 年 182 个基本经济部门的体现水强度（见附录 A.3）。从附录 A.3 中可以看出，农产品部门作为直接水资源的主要使用部门具有很高的体现水强度，食品和饮料部门作为以农产品为主要生产资料的农业下游工业部门也具有较高的体现水强度。体现水强度较高的部门还有化肥生产部门和发电部门,这主要是由于这两个部门在生产过程中需要用到大量的水。相对而言,大部分的第三产业部门的平均体现水强度都要比农业和工业部门低一些,其中相对较高的部门是住宿和餐饮服务部门,因为餐饮业供应的食物大多来源于农业。这些产品中体现了大量的水资源。

为了对比中国经济与世界其他国家和地区经济的用水效率,本研究分别计算了世界经济和中国经济的平均体现水强度(2007 年、2012 年和 2017 年),见表 3-3。可以看出,中国的各项体现水强度均高于世界平均水平。这说明了我国的水利用效率目前还较低,在生产同样价值产品的情况下使用了更多的水资源。政府等管理部门可出台相关政策,如鼓励节水技术的发明、推广节水技术的应用和制定更为详细的用水定额等来提高用水效率,最终减少水资源的使用。

表 3-3　世界经济和中国经济的平均体现水强度(2007 年、2012 年和 2017 年)

单位:立方米/千欧元

	2007 年			2012 年			2017 年		
	农业用水	工业用水	总水资源	农业用水	工业用水	总水资源	农业用水	工业用水	总水资源
世界经济的平均体现水强度	71.6	24.4	96.0	56.7	19.4	76.1	49.2	16.2	65.4
中国经济的平均体现水强度	146.9	62.0	208.9	67.4	26.7	94.1	55.1	18.9	74.0

3.2.2　最终使用体现水量

在 EXIOBASE 数据库中,世界经济 2017 年最终使用体现水被分成了居民消费、为居民服务的非营利机构消费、政府消费、固定资本形成、存货增加和贵重物品收购等六种类型,如图 3-1 所示。在六种类型中,居民消费体现水量最大,为 30055.8 亿立方米,在世界最终使用体现水总量中的占比为 75.48%,其次是固定资本形成,其体现水量为 5321.5 亿立方米,占比为 13.36%。这说明,世界范围内的水资源主要被用于生产供人们消费的产品,也有相当一部分被用于固定资本的增加。

图 3-2 所示为世界经济 2017 年最终使用体现水的部门构成(图中只列出了占比排名靠前的九个部门,余下的所有部门以"剩余部门"标示)。世界范围内的最终使用体现水主要来源于"农产品",占比约为三分之一:一方面因为人们

消耗了大量的食品；另一方面因为农业部门的水资源强度较高，是水资源的重要使用部门。接下来分别是"其他食品"和"建筑工程"，二者的占比均在 6%～7% 以内。

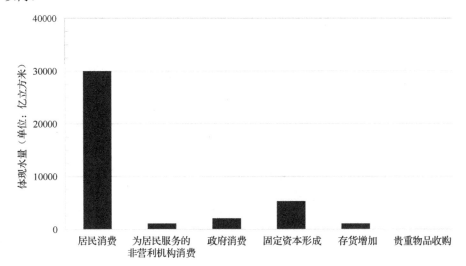

图 3-1　世界经济 2017 年最终使用体现水量

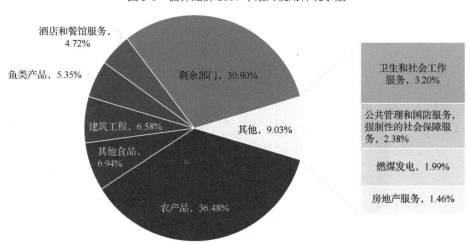

图 3-2　世界经济 2017 年最终使用体现水的部门构成

本书进一步分析了不同类型最终使用体现水的来源。其中，消费最终使用体现水和非消费最终使用体现水的部门构成分别如图 3-3 和图 3-4 所示。

如图 3-3（a）所示，居民消费的体现水主要由"农产品"（43.03%）"其他食品"（8.62%）和"鱼类产品"（6.91%）这三个部门供应，三者占比达 58% 以上。这主要是因为居民的生活产品主要来自这几个部门。此外，排名靠前的还有"酒店和餐馆服务""燃煤发电""卫生和社会工作服务"等与人们日常生活有紧密关联的产业。

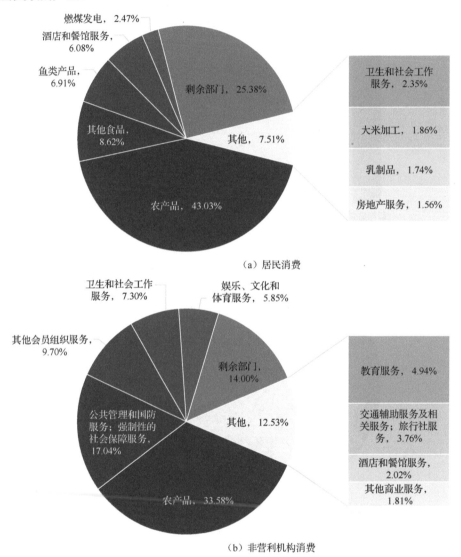

（a）居民消费

（b）非营利机构消费

图 3-3 世界经济 2017 年消费最终使用体现水的部门构成

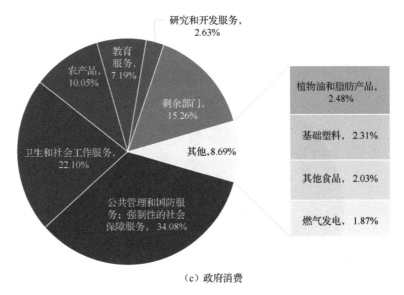

（c）政府消费

图 3-3 世界经济 2017 年消费最终使用体现水的部门构成（续）

如图 3-3（b）所示，为居民服务的非营利机构消费体现水主要来源于"农产品"（33.58%）"公共管理和国防服务；强制性的社会保障服务"（17.04%）和"其他会员组织服务"（9.70%）这三个部门，"卫生和社会工作服务""娱乐、文化和体育服务""教育服务"也占较大比例。可以看到，相关产业主要集中在与该最终使用类型紧密相关的各类服务行业。

如图 3-3（c）所示，政府消费体现水主要由"公共管理和国防服务；强制性的社会保障服务"（34.08%）和"卫生和社会工作服务"（22.10%）这两个部门供应。由于这两个部门与政府职能直接相关，因此与政府消费体现水有着密切的关系。

从图 3-4（a）可以看到，在固定资本形成体现水中，"建筑工程"提供了超过 48% 的体现水，其次是"农产品"与"其他机械和设备"，分别提供了 10% 左右的体现水。这是由于建筑业所建造的基础设施仍是世界范围内固定资本形成的主要方式。

从图 3-4（b）可以看到，存货增加体现水主要来源于"农产品"（39.18%）和"其他食品"（10.70%），其余各产业的占比都小于这两个产业。对于贵重物品收购而言（见图 3-4（c）），其体现水主要来源于"农产品"（32.89%），其次是"机动车、机动车零部件、摩托车、电动车零部件及配件的销售、维护、修理"（11.41%）和"批发贸易和代理贸易服务，不包括机动车和摩托车"（10.39%）。

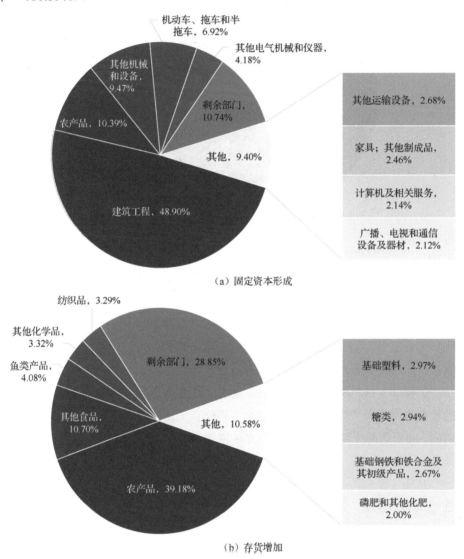

（a）固定资本形成

（b）存货增加

图 3-4 世界经济 2017 年非消费最终使用体现水的部门构成

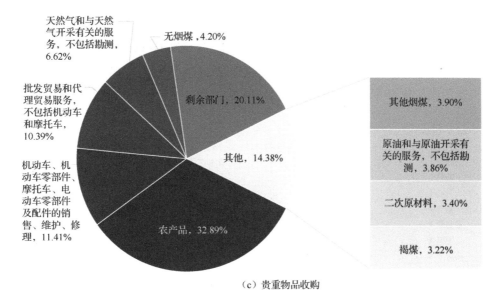

（c）贵重物品收购

图 3-4　世界经济 2017 年非消费最终使用体现水的部门构成（续）

3.3　国家/地区体现水量

3.3.1　体现水总量

基于世界经济多区域投入产出分析得到的体现水强度数据库，本书对 48 个国家和地区体现在最终消费中的水资源进行了计算。附录 A.4 列出了世界经济 2017 年 48 个国家和地区的体现水清单，其中包括体现水总量（当年经济体地理范围内所有被消费产品的体现水量总和，可分为农业用水体现水和工业用水体现水两类）、人均体现水、体现水进口量（当年经济体所有进口产品的体现水）和体现水出口量（当年经济体所有出口产品的体现水）等指标。其中，世界经济 2017 年直接水资源使用量与体现水量分别排名前二十的经济体如图 3-5 所示。

可以看出，2017 年体现水量最大的三个经济体依次是印度、中国和美国，体现水量分别为 8571 亿立方米、6106 亿立方米和 4553 亿立方米。这三个国家同时也是当年全球直接水资源使用量最大的三个经济体，排名与体现水量的次序相同，从大到小依次是印度、中国和美国（直接水资源使用量分别为 9158 亿立方米、5043 亿立方米和 3649 亿立方米）。体现水量排名相对于直接水资源使用量排名上升的有日本、韩国、德国、英国等经济相对发达的国家，排名或多或少下降的是墨西哥、巴西等这些相对不发达的国家。这充分说明，在经济发展相对落后的国家直接使用的水资源中有相当一部分是生产供出口至发达国家和地区消费的产品使用的，温室气体排放中涉及的"碳转移"问题在水资源领域同样存在。

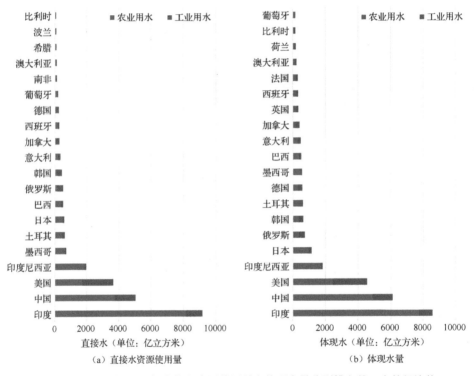

图 3-5 世界经济 2017 年直接水资源使用量和体现水量分别排名前二十的经济体

3.3.2 人均体现水量

图 3-6 所示是世界经济 2017 年人均体现水前二十的经济体（为减小人口数偏少引起的误差，这里只考虑了人口数在百万以上的经济体）。可以看出，在人均体现水量较大的二十个经济体中，大部分都是发达国家。印度与中国的直接水资源使用量与体现水总量虽然都排在世界前两位，但人均体现水量却分别只有 640 立方米/人和 440 立方米/人，分列世界 48 个国家和地区的第 22 和 36 位，只有美国人均体现水量的 46% 和 31% 左右。

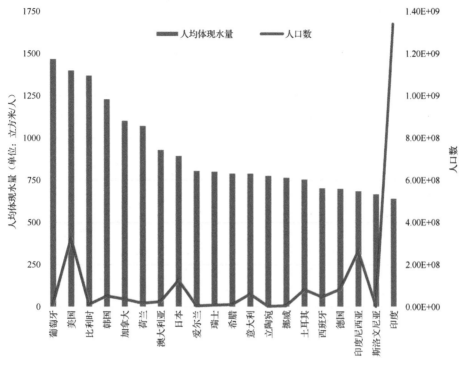

图 3-6　世界经济 2017 年人均体现水量前二十的经济体（人口百万以上）

3.4　国际贸易体现水量

世界经济 2017 年体现在国际贸易中的水资源量是 22141 亿立方米，约占世界总水资源使用量的 28%。可以看出，在当今全球一体化的大背景下，国际贸易体现的水资源是体现水的重要组成部分。图 3-7 所示是世界经济 2017 年排名前二十的国际贸易体现水资源流。结果显示，美国、中国、印度这三个国家是世界上最主要的体现水节点国家。其中，美国从中国、印度、墨西哥（200 亿立方米，世界范围内排名第一的体现水资源流）、加拿大等国家进口了大量的体现水，并同时向中国、加拿大、墨西哥等国家出口了部分的体现水。中国向美国、日本、德国、韩国等国家出口了体现水，同时从印度、印度尼西亚等国家进口了体现水。印度向美国出口了 167 亿立方米的体现水（排名世界第二），同时也向日本、德国、英国等其他发达国家出口了一定量的体现水。

本书第 1 章提到，BBC 曾对美国借由牧草向中国出口体现水这一事件进行了报道和质疑。我们的研究将核算范围扩展到中美贸易的全部产品和服务，发现中国向美国出口了 155 亿立方米（排名世界第三）的体现水，是美国向中国出口体现水（118 亿立方米，排名世界第四）的 1.3 倍。由此可见，这一新闻报道是片面的，并不能反映事实的全貌。

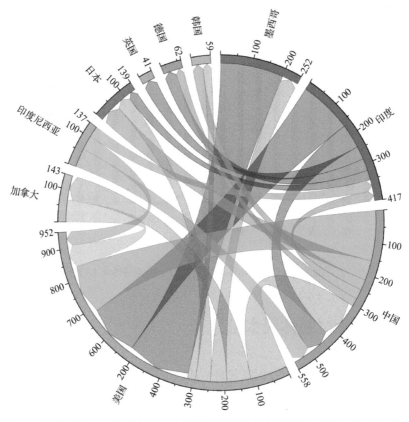

图 3-7　世界经济 2017 年排名前二十的国际贸易体现水资源流（单位：亿立方米）

图 3-8 所示是世界经济 2017 年进口体现水量和出口体现水量分别排名前十的经济体。

全球进口体现水量最大的三个经济体依次是中国、美国和日本（进口量分别为 1911 亿立方米、1536 亿立方米和 591 亿立方米）。印度、中国和美国分别出口了 1028 亿立方米、848 亿立方米和 631 亿立方米的体现水，成为全球出口体现水量最大的三个国家。在全球 48 个国家和地区中，13 个国家和地区的进口量小于出口量，成为体现水净出口的国家和地区，约占国家和地区总数的 27%；35

个国家和地区的进口量大于出口量，成为体现水净进口的国家和地区，约占国家和地区总数的 73%。

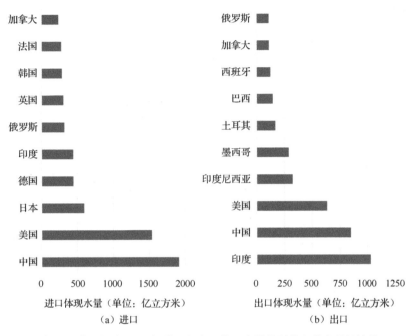

图 3-8　世界经济 2017 年进口和出口体现水量分别排名前十的经济体

图 3-9 所示是世界经济 2017 年贸易净出口和净进口体现水量分别排名前十的经济体。中国以 1063 亿立方米的净进口体现水量成为全球最大的体现水贸易顺差国。美国以 905 亿立方米的净进口体现水量成为全球第二大的体现水贸易顺差国。净进口体现水量较大的国家还有日本、德国、英国、法国，净进口体现水量分别为 545 亿立方米、335 亿立方米、279 亿立方米、251 亿立方米。净出口体现水量较大的国家和地区有亚洲和太平洋其他地区、印度、北美其他地区、中东其他地区，净出口体现水量分别为 3086 亿立方米、587 亿立方米、437 亿立方米、300 亿立方米。可以看出，上榜世界贸易净进口体现水量最大的十个国家和地区均为经济活动较为活跃的国家和地区；上榜世界贸易净出口体现水量最大的十个国家和地区基本都是发展中国家和地区。

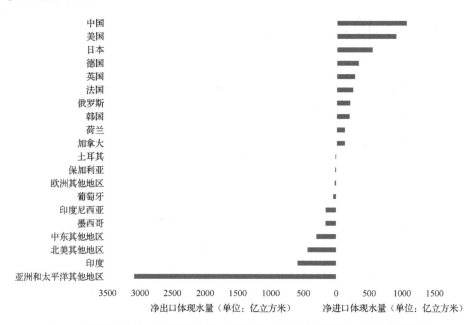

图 3-9　世界经济 2017 年贸易净出口和净进口体现水量分别排名前十的经济体

第 4 章

中国经济体现水分析

基于上一章的世界经济 2017 年 48 个国家和地区的体现水单尺度投入产出模拟得到的结果，本章将首先分析中国经济 2017 年体现水强度和最终使用体现水量，然后分析中国对外贸易体现水量，包括体现水出口和进口的主要贸易伙伴，以及进口、出口、净进口、净出口体现水量最大的产业部门。

4.1 体现水强度

第 3 章的世界经济多区域投入产出分析同时得到了中国经济 2017 年 182 个生产部门的体现水强度数据库。为配合下一章的北京三尺度投入产出模拟，本书将这 182 个生产部门合并加工成 42 个生产部门（见附录 A.5）。图 4-1 所示是中国经济 2017 年体现水强度排名前二十的部门。可以看出，"农林牧渔产品和服务""食品和烟草""电力、热力的生产和供应"这三个部门的体现水强度最高。这是由于"农林牧渔产品和服务"部门引发了大部分的直接农业用水使用，"食品和烟草"部门作为"农林牧渔产品和服务"部门的直接下游部门（以"农林牧渔产品和服务"部门的产品为生产原料），间接引发了大量的农业用水使用，"电力、热力的生产和供应"部门引发了大部分的直接工业用水使用。

除这三个部门外，在其余大部分排名靠前部门的体现水强度中，农业用水都占较大的比例。这一方面说明了农业用水对我国的重要性，另一方面也充分展示了这些产业与农业间紧密的水关联。例如，"造纸印刷和文教体育用品""木材加工品和家具""住宿和餐饮""纺织品""纺织服装鞋帽皮革羽绒及其制品"等部门都是直接以农产品为原料的产业部门，农业用水体现水强度较大。

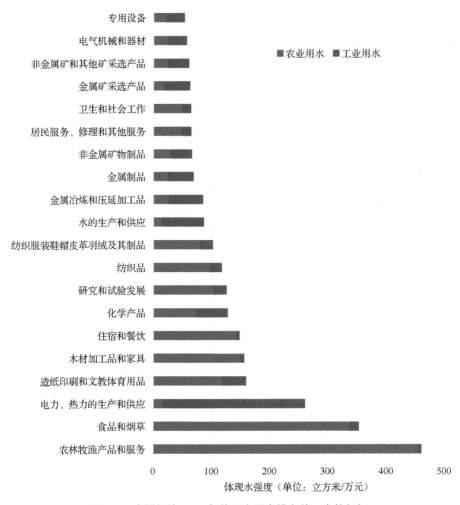

图 4-1　中国经济 2017 年体现水强度排名前二十的部门

4.2　最终使用体现水量

中国经济 2017 年最终使用体现水总量是 6106 亿立方米,其中由进口提供的是 1911 亿立方米,占最终使用体现水总量的 31.30%。中国经济 2017 年最终使用体现水量如图 4-2 所示。在六种最终使用类型中,居民消费体现水量最大,为 3148 亿立方米,占全国最终使用体现水总量的 51.56%,固定资本形成体现水量为 1919 亿立方米，占 31.43%，这两项合计占 82.99%。这反映出我国居民巨大的消费能力，同时也表明，2017 年我国的基础设施建设在最终消费中所占的比重较大。

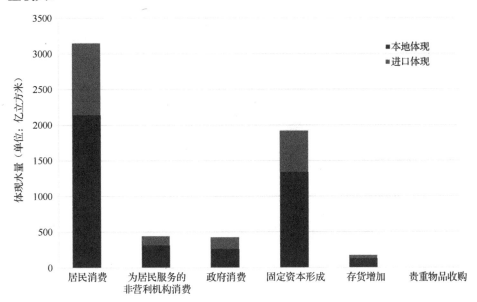

图 4-2　中国经济 2017 年最终使用体现水量

图 4-3 所示是中国经济 2017 年最终使用体现水的部门构成，结构与世界经济有所不同。世界范围内的最终使用体现水主要来源于"农产品"部门，占比为 36.48%，"其他食品"和"建筑工程"部门的占比分别为 6.94% 和 6.58%。我国最终使用体现水占比最高的前两位分别是"农产品"和"鱼类产品"部门，占比分别为 22.04% 和 16.88%，其次是"建筑工程"部门，占比为 16.26%。这也进一步说明，我国是发展中国家，目前基础设施建设还处于快速发展阶段。

为了研究基于消费引发的水资源使用，本书分析了中国经济 2017 年除贵重物品收购之外的其他五种类型最终使用体现水的部门构成（出口体现水会在下一节专门分析），结构如图 4-4 所示（图中只列出占比排名靠前的九个部门，余下的所有部门以"剩余部门"标示）。

如图 4-4（a）所示，居民消费体现水主要来源于"鱼类产品"（31.99%）"农产品"（21.47%）"酒店和餐馆服务"（12.92%）"卫生和社会工作服务"（8.38%）"其他服务"（3.91%）等部门，居民的日常消费产品主要来自这几个部门。此外，排名靠前的还有一些诸如"大米加工""计算机及相关服务""烟草制品"等与人们日常生活有紧密关联的部门。

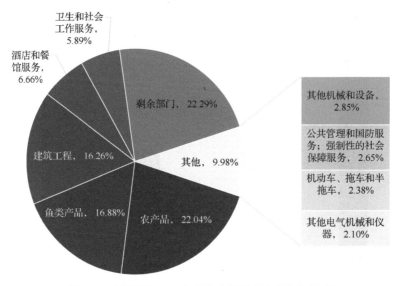

图 4-3　中国经济 2017 年最终使用体现水的部门构成

　　如图 4-4（b）所示，为居民服务的非营利机构消费体现水主要来源于"农产品"（60.44%）"其他会员组织服务"（13.64%）"娱乐、文化和体育服务"（9.07%）"交通辅助服务及相关服务；旅行社服务"（8.78%）等部门。此外，排名靠前的还有"其他商业服务""金融中介辅助服务""其他陆路运输服务"和"卫生和社会工作服务"等部门。可以看到，相关产业主要集中在与该最终使用类型紧密相关的各类服务行业。

　　如图 4-4（c）所示，政府消费体现水主要来源于"公共管理和国防服务；强制性的社会保障服务"（37.77%）"卫生和社会工作服务"（21.91%）"农产品"（15.06%）"教育服务"（11.21%）和"研究和开发服务"（7.68%）等部门，其次是"娱乐、文化和体育服务"（2.82%）"交通辅助服务及相关服务；旅行社服务"（1.30%）和"其他商业服务"（1.15%）等部门。

　　如图 4-4（d）所示，在固定资本形成的体现水构成方面，"建筑工程"部门提供了超过一半的体现水，远远超过其他部门。这是由于我国的基础设施建设发展迅速，是资本形成的主要形式。

　　如图 4-4（e）所示，存货增加的体现水主要来源于"农产品"（36.56%）和

"鱼类产品"（13.60%）等部门。

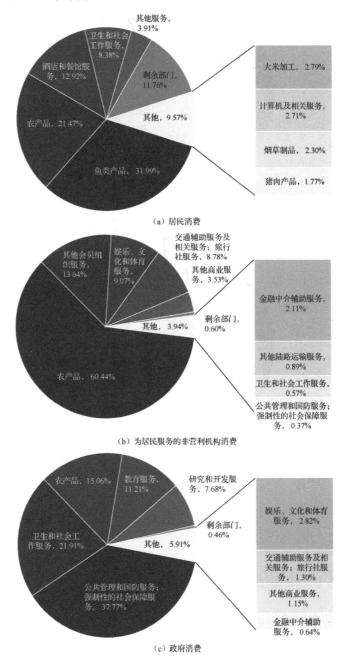

（a）居民消费

（b）为居民服务的非营利机构消费

（c）政府消费

图 4-4 中国经济 2017 年前五种最终使用体现水的部门构成

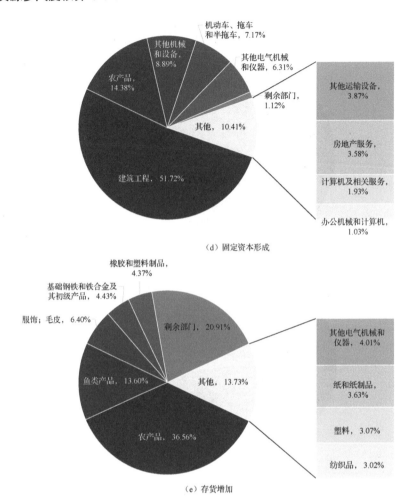

（d）固定资本形成

（e）存货增加

图 4-4　中国经济 2017 年前五种最终使用体现水的部门构成（续）

4.3　对外贸易体现水量

4.3.1　整体情况

2017 年，中国出口到他国的体现水总量是 848 亿立方米，约占中国直接水资源使用量的 17%。图 4-5 所示是中国 2017 年体现水出口的主要贸易伙伴（中国出口体现水量的约 51% 是出口到这 14 个经济体的）。可以看到，我国作为发展中国家，体现水主要出口到美国（占体现水出口总量的 18.30%）和日本（占体现水出口总量的 7.28%）等发达国家和地区。与此同时，中国同周边国家的体现水贸易量较高，双方关系密切。

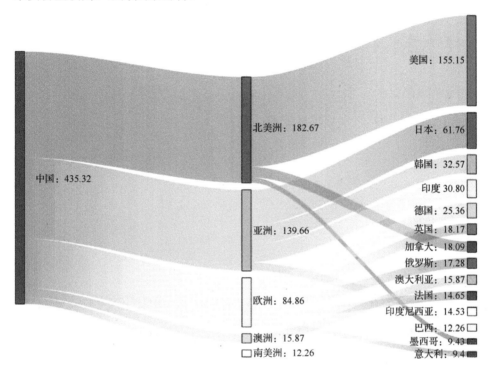

图 4-5 中国 2017 年体现水出口的主要贸易伙伴（单位：亿立方米）

2017 年，中国从世界其他国家和地区进口的体现水总量是 1911 亿立方米，是中国出口体现水总量的两倍以上。图 4-6 所示是中国 2017 年体现水进口的主要贸易伙伴（中国进口体现水量的约 21%是从这 14 个经济体进口的），包括美国、印度、印度尼西亚等。可以看到，相较于出口体现水，我国的进口体现水更为分散，大量的体现水是从主要经济体之外的其他国家和地区进口的。

4.3.2 分部门情况

图 4-7 所示是中国经济 2017 年 182 个生产部门中进口体现水量排名前十的产业部门和出口体现水量排名前十的产业部门（与上节不同，本节仅分析中国/他国最终使用引发的中国各产业部门的进口/出口体现水）。

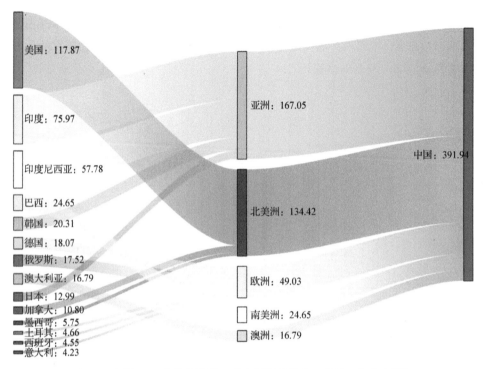

图 4-6 中国 2017 年体现水进口的主要贸易伙伴（单位：亿立方米）

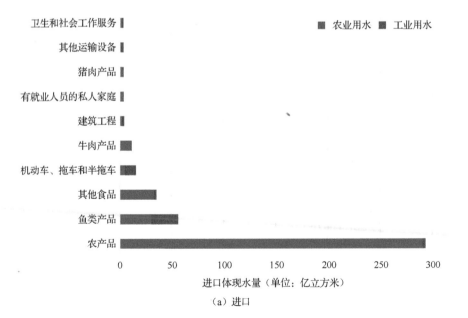

（a）进口

图 4-7 中国经济 2017 年进口和出口体现水量分别排名前十的产业部门

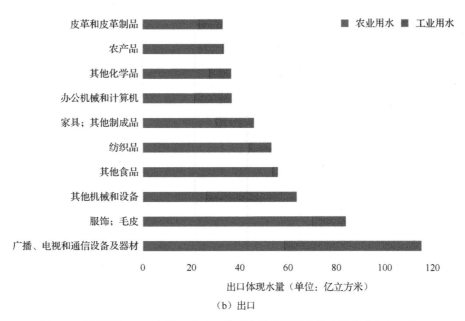

图 4-7 中国经济 2017 年进口和出口体现水量分别排名前十的产业部门（续）

进口体现水量最大的三个产业部门依次是"农产品""鱼类产品""其他食品"（分别是 294 亿立方米、56 亿立方米、36 亿立方米）。"广播、电视和通信设备及器材""服饰；毛皮""其他机械和设备"部门分别出口了 107 亿立方米、78 亿立方米、59 亿立方米的体现水，是中国出口体现水量最大的三个产业部门。不同于进口主要集中在少数几个部门的情况，出口体现水量在各个产业部门的分布比较均匀，在 182 个产业部门中，共有 17 个部门的占比在 1% 以上，比例最高的是"广播、电视和通信设备及器材"部门（15.39%）。其余排名前十的部门大多是纺织业、农业和工业产品制造业等初级产业。其中，纺织业的子产业有三个都排到了前十名。这充分说明，目前我国出口体现水主要来源于初级产品和劳动密集型产品。这些部门同时也是用水大户，积极推动产业升级转型、提高服务型产品的出口将有助于减少我国水资源的使用量。

在中国的 182 个部门中，有 94 个部门体现水的进口量小于出口量，是体现水净出口的部门，占总部门数的 52% 左右；有 51 个部门体现水的进口量大于出口量，是体现水净进口的部门，只占总部门数的 28% 左右；有 37 个部门的净出口量为 0，主要因为它们未参与国际贸易（既没有出口也没有进口），其中大多数是一些能源类产业（如"气体焦炭""太阳热能发电""电力传输服务"等）和资源二次利用产业（如"待处理的灰烬，再加工成水泥熟料的灰烬""待处理的二次塑料，再加工成新塑料的二次塑料"等）。

图 4-8 所示是中国经济 2017 年净出口体现水量最大的十个产业部门和净进口体现水量最大的十个产业部门。"农产品"以 263 亿立方米的净进口体现水量成为中国最大的体现水贸易顺差部门，"广播、电视和通信设备及器材"以 105 亿立方米的净出口体现水量成为中国最大的体现水贸易逆差部门。净进口体现水量较大的部门还有"鱼类产品""牛肉产品""建筑工程"，净进口体现水量分别为 30 亿立方米、11 亿立方米、4 亿立方米。净出口体现水量较大的部门还有"服饰；毛皮""其他机械和设备""纺织品"，净出口体现水量分别为 76 亿立方米、59 亿立方米、49 亿立方米。

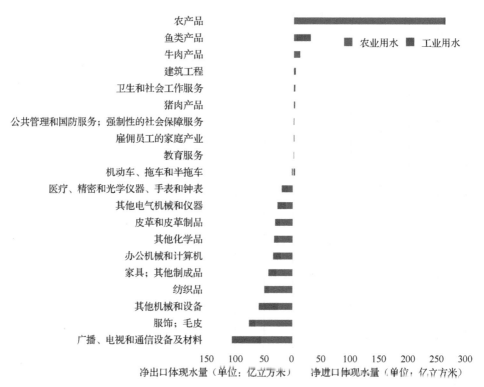

图 4-8　中国经济 2017 年净出口和净进口体现水量分别排名前十的产业部门

第 5 章

北京经济体现水分析

本章运用前文提出的体现水多尺度投入产出模拟方法,以及前文得到的世界经济和中国经济 2017 年体现水强度数据库,进行了北京经济 2017 年体现水三尺度投入产出模拟。在此基础上,首先,分析了北京经济 2017 年体现水强度;其次,分析了北京最终使用的体现水量以及对外贸易(包括国际进口、出口贸易和国内调入、调出贸易)体现水量。

5.1 数据来源

本书基于北京经济 2017 年投入产出表对北京经济的水资源使用情况进行研究。北京经济 2017 年投入产出表是目前北京市最新也是最详细的正式投入产出表,将北京市的经济生产活动划分为 42 个部门。其中,农林牧渔产品和服务 1 个部门,工业 26 个部门,建筑和服务 15 个部门[83]。详细的部门编号和名称如表 5-1 所示。

表 5-1　北京经济 2017 年投入产出表部门编号和名称

编　号	部门名称	编　号	部门名称
1	农林牧渔产品和服务	9	木材加工品和家具
2	煤炭采选产品	10	造纸印刷和文教体育用品
3	石油和天然气开采产品	11	石油加工、炼焦和核燃料加工品
4	金属矿采选产品	12	化学产品
5	非金属矿和其他矿采选产品	13	非金属矿物制品
6	食品和烟草	14	金属冶炼和压延加工品
7	纺织品	15	金属制品
8	纺织服装鞋帽皮革羽绒及其制品	16	通用设备

续表

编　号	部门名称	编　号	部门名称
17	专用设备	30	住宿和餐饮
18	交通运输设备	31	信息传输、软件和信息技术服务
19	电气机械和器材	32	金融
20	通信设备、计算机和其他电子设备	33	房地产
21	仪器仪表	34	租赁和商务服务
22	其他制造产品和废品废料	35	研究与试验发展
23	金属制品、机械和设备修理服务	36	综合技术服务
24	电力、热力的生产和供应	37	水利、环境和公共设施管理
25	燃气生产和供应业	38	居民服务、修理和其他服务
26	水的生产和供应业	39	教育
27	建筑	40	卫生和社会工作
28	批发和零售	41	文化、体育和娱乐
29	交通运输、仓储和邮政	42	公共管理、社会保障和社会组织

本书所使用的北京市直接水资源使用数据均来自各年度的中国统计年鉴和中国水资源公报[84-87]。其中，水资源被分为农业用水和工业用水。

5.2 体现水强度

由于北京经济投入产出表是竞争型投入产出表，没有区分进口和调入产品在中间生产以及最终消费中的分配，因此假设各部门的进口和调入产品与该部门自己生产的主要产品性质类似，且进口和调入产品与本地产品具有相同的分配比例。根据第 2 章提出的多尺度投入产出模拟方法，利用第 3 章得到的世界经济和中国经济 2017 年体现水强度数据库对北京经济 2017 年进口和调入产品的体现水进行核算。由于北京经济的部门分类方式（包括内容和数量）与世界经济的部门分类方式并不完全相同，因此首先要对北京经济各部门进口产品的体现水强度进行一一确定，然后根据进口产品在北京经济内部的流量得到进口体现水在北京经济 2017 中的分配情况。

根据式（2-9），最终得到北京经济 2017 年 42 个生产部门的体现水强度，如图 5-1 所示，详细数据可参见附录 A.6。可以看出，"农林牧渔产品和服务"（部门 1）"食品和烟草"（部门 6）"电力、热力的生产和供应"（部门 24）这三个部门的体现水强度最高，分别位居第一、二、三位。这是由于北京直接使用的水资源量集中在这三个部门（它们的直接水资源使用量分别位居所有部门的第一、三、五位）。"农林牧渔产品和服务"部门直接使用了全部的农业用水，"电力、热力的生产和供应"部门直接使用了大部分的工业用水，这与它们二者的体现水强度结构一一对应。"食品和烟草"部门的直接水使用量虽没有"电力、热力的生产和供应"部门高，但最后的体现水强度却高出约 69%，这是由于"食品和烟草"部门消耗了大量的农产品，因此体现水强度的绝大部分是农业用水（占比高达92%）。这充分展示了投入产出模拟在揭示产业链关联方面的优越性。

接下来排名靠前的四个部门依次是"住宿和餐饮"（部门 30）"水利、环境和公共设施管理"（部门 37）"纺织品"（部门 7）和"化学产品"（部门 12）。这四个部门与排名第九的"造纸印刷和文教体育用品"（部门 10）的体现水强度结构基本相同，即农业用水占大部分的比例，但这些产业部门的直接农业用水均为0。这个结果一方面证实了农业用水是我国水资源使用的最大来源，另一方面也充分展示了这些产业与农业之间的紧密关联。它们大多是直接以农产品为原料的产业，相应的农业用水体现水强度也大。排名第八和第十的部门分别是"水的生产和供应"（部门 26）和"金属冶炼和压延加工品"（部门 14），主要消耗的是工业用水，工业用水占总体现水强度的比例分别为 81% 和 69%。这与它们是主要工业生产部门的事实一致。

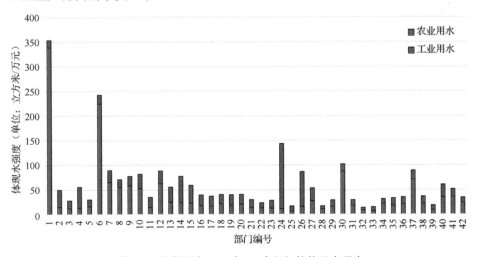

图 5-1　北京经济 2017 年 42 个部门的体现水强度

为了对比北京经济、中国经济、世界其他国家和地区经济三者的用水效率，分别计算北京经济和中国经济的平均体现水强度，并将其与基于多区域投入产出模拟的世界经济平均体现水强度进行对比（见表5-2）。可以看出，中国经济的各项体现水强度均高于世界平均值，北京经济除工业用水体现水强度比世界平均值高外，农业用水体现水量和总用水强度均低于世界平均水平。与此同时，北京经济的体现水强度低于中国经济，尤其是农业用水体现水强度和总用水体现水强度都比中国经济低了一半左右。由此可知，中国作为发展中国家，用水效率略低于世界平均水平；北京作为中国的首都，用水效率虽高于中国平均水平，但工业用水效率还是略低于世界平均水平。北京经济的工业用水和中国经济的农业用水、工业用水均存在着很大的节水空间，相关部门应对此加以足够的重视。

表5-2　北京经济、中国经济与世界经济2017年平均体现水强度

（单位：立方米/万元）

	农 业 用 水	工 业 用 水	总　用　水
北京经济	32.42	21.22	53.64
中国经济	72.23	24.83	97.06
世界经济	62.43	20.23	82.66

根据多尺度投入产出理论，北京经济三尺度投入产出模拟所得的各产业部门体现水强度分别由北京直接用水、国内调入和进口这三部分体现水强度构成。图5-2所示是北京经济2017年进口和调入体现水强度分别占比最大的十个部门。

"燃气生产和供应""食品和烟草"和"水利、环境和公共设施管理"部门的进口占比最大，分别占各自部门总体现水强度的67%、47%和43%。"电力、热力的生产和供应""煤炭采选产品""信息传输、软件和信息技术服务""租赁和商务服务"和"水的生产和供应"部门是进口占比最小的五个部门，占比分别为1%、5%、5%、6%和6%，说明这几个部门与国外的交流较少，相对更依赖国内贸易。同时，共有29个部门的进口体现水强度占各自部门总体现水强度的比例在10%以上，说明北京市的大多数部门对国际贸易的依赖性较强，充分反映了北京作为一个国际化大都市的经济现状。

对调入而言，除"农林牧渔产品和服务""燃气生产和供应""水的生产和供应""食品和烟草"这四个部门外，其余产业部门体现水强度中的调入部分均占

总体现水强度的 50% 以上。"电力、热力的生产和供应""信息传输、软件和信息技术服务""租赁和商务服务""批发和零售""金融"部门的调入比例最大，占比分别为 96%、94%、93%、93% 和 92%。这说明北京市体现水对中国其他地区水资源供应的依赖程度非常高，且远高于对进口水资源的依赖程度。

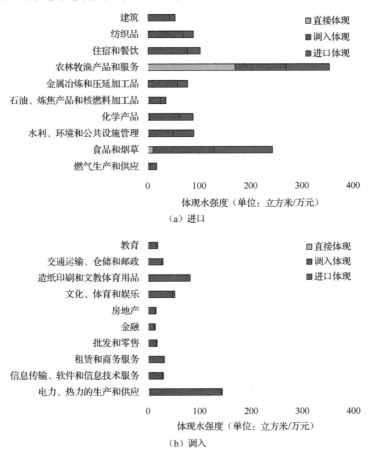

图 5-2　北京经济 2017 年进口和调入体现水强度分别占比最大的十个部门

5.3　体现水量

5.3.1　最终使用体现水量

北京经济 2017 年最终使用体现水总量是 88 亿立方米。其中，由进口提供的是 16 亿立方米，只占总量的 18%；由调入提供的是 68 亿立方米，占总量的 77%。

北京经济 2017 年投入产出表中的最终使用体现水被分成了农村居民消费、城镇居民消费、政府消费、固定资本形成、存货变动等五种类型，如图 5-3 所示。在这五种类型中，固定资本形成体现水量最大，为 33 亿立方米，占北京经济最终使用体现水总量的 38%；排名第二是城镇居民消费体现水量，为 32 亿立方米，占总量的 36%；排名第三的是政府消费体现水量，为 20 亿立方米，占总量的 23%；农村居民消费体现水量排名第四，只占总量的 2%。根据相关统计数据，2017 年，北京城镇人口数量为 1907 万人，是农村人口数量（287 万人）的 6.6 倍。由计算可得，北京城镇居民消费人均体现水量（168 立方米/人）是农村居民消费人均体现水量（70 立方米/人）的 2.4 倍。这表明，北京城镇和农村的生活条件存在着很大差距，节水的重点应是促进城镇居民的生活方式向节水方向转变。

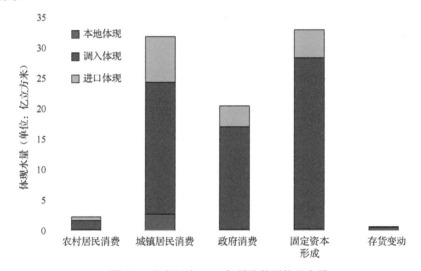

图 5-3　北京经济 2017 年最终使用体现水量

图 5-4 所示是北京经济 2017 年最终使用体现水的部门构成，结构与世界最终使用的有所不同。如第 3.2 节和第 4.2 节所述，世界经济最终使用体现水主要来源于"农产品"部门（约占 36%），中国经济也类似，主要来源于"农产品"部门（约占 22%）和"鱼类产品"部门（约占 17%）。北京经济最终使用体现水在各个部门中的分配较为均匀，占比最高的三个部门分别是"建筑"（约占 20%）"信息传输、软件和信息技术服务"（约占 11%）"食品和烟草"（约占 11%）。

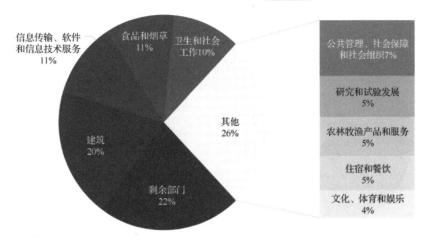

图 5-4　北京经济 2017 年最终使用体现水的部门构成

本节将进一步分析北京经济 2017 年五种类型最终使用体现水的构成，如图 5-5 所示（图中只列出占比排名靠前的部分部门，余下的所有部门以"剩余部门"标示）。

可以看到，农村居民消费体现水的主要供应部门有"食品和烟草"和"农林牧渔产品和服务"，占比分别为 32% 和 15%。这是由于居民的生活产品主要来自这两个部门。此外，占比排名靠前的还有一些与人们日常生活有紧密关联的部门，如"卫生和社会工作""住宿和餐饮"等。

城镇居民消费体现水的主要供应部门和农村居民消费的类似，但占比排名略有不同。城镇居民消费对"食品和烟草""农林牧渔产品和服务"的依赖程度更低，对"住宿和餐饮""教育""文化、体育和娱乐"的依赖程度更高。这反映了城镇居民与农村居民的生活消费结构不同，也说明了针对城镇居民和农村居民应当采取不同侧重点的节水政策。

政府消费的体现水主要由"公共管理、社会保障和社会组织"（31%）"卫生和社会工作"（29%）"水利、环境和公共设施管理"（13%）和"文化、体育和娱乐"（10%）这四个部门供应，占比超过 80%。这些部门与政府职能直接相关，与政府消费体现水有着密切的关系。

在固定资本形成体现水的构成方面，"建筑"部门提供了超过 50% 的体现水，远远大于其他部门。这是由于北京的基础设施发展迅速，是资本形成的主要形式。在各个产业中，建筑业属于用水大户，在建筑业中推行节水措施将对北京提高水资源的利用效率大有裨益。存货变动体现水主要来源于"通信设备、计算机和其他电子设备"（33%）"化学产品"（12%）和"批发和零售"（11%）等部门。

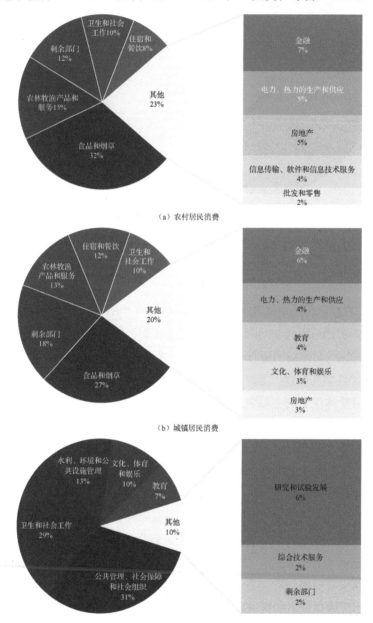

（a）农村居民消费

（b）城镇居民消费

（c）政府消费

图 5-5 北京经济 2017 年五种类型最终使用体现水的构成

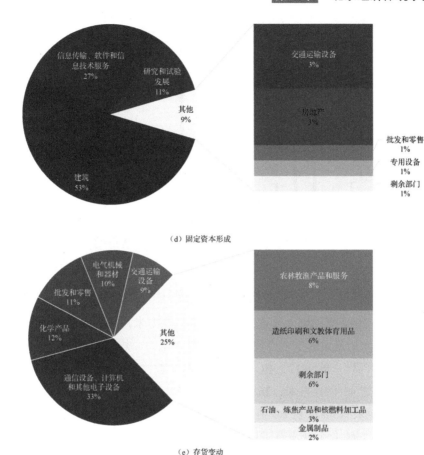

（d）固定资本形成

（e）存货变动

图 5-5　北京经济 2017 年五种类型最终使用体现水的构成（续）

5.3.2　输入和输出体现水量

图 5-6 所示是北京经济 2017 年 42 个部门进口和调入体现水量。可以看出，北京市国际和国内贸易体现水的来源结构不同：国际贸易体现水输入的主要来源包括农业产品和金属产品等制造业产品的进口；国内贸易体现水输入主要来源于电力热力和制造业产品的进口。北京经济 2017 年的进口体现水量是 41 亿立方米。其中，"农林牧渔产品和服务"（部门 1）和"金属冶炼和压延加工品"（部门 14）是进口体现水量最大的两个产业部门，进口体现水量分别是 22 亿立方米和 4 亿立方米，分别占北京进口体现水总量的 54% 和 10%。

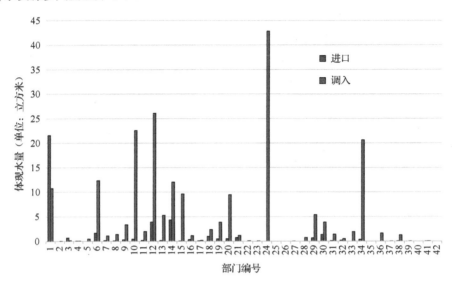

图 5-6 北京经济 2017 年 42 个部门进口和调入体现水量

北京经济 2017 年的调入体现水量是 207 亿立方米，是进口体现水量的 5.0 倍。调入体现水量最大的三个产业部门依次是"电力、热力的生产和供应"（部门 24）"化学产品"（部门 12）和"造纸印刷和文教体育用品"（部门 10），调入体现水量分别是 43 亿立方米、26 亿立方米和 23 亿立方米，分别占北京调入体现水总量的 21%、13% 和 11%。在 42 个部门中，有 37 个的调入体现水量大于进口体现水量（有 1 个既没有进口也没有调入），约占部门总数的 90%。可以看出，通过贸易输入北京市的水资源更多来源于国内。由于世界的平均体现水强度要低于中国，因此北京市未来可考虑采用外贸进口来代替国内调入的方式来减少体现水的使用。

图 5-7 所示是北京经济 2017 年 42 个部门的出口和调出体现水量。"建筑"（部门 27）出口了 3 亿立方米的水资源，成为出口体现水量最大的产业部门，占北京市总出口量的 23%。其他各个产业部门的出口体现水量均远小于该部门。调出体现水量最大的产业部门是"电力、热力的生产和供应"（部门 24），调出体现水量为 27 亿立方米，占北京市总调出量的 17%。除"综合技术服务"（部门 36）和"交通运输设备"（部门 18）外，其他部门的调出体现水量均在"电力、热力的生产和供应"的一半以下。

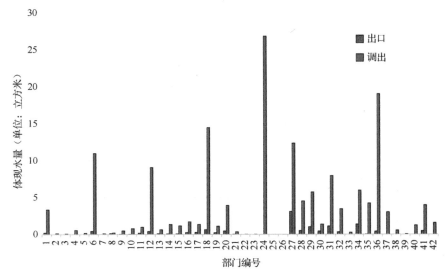

图 5-7　北京经济 2017 年 42 个部门出口和调出体现水量

5.3.3　国内和国际贸易体现水量

图 5-8 为北京经济 2017 年 42 个部门的国内贸易平衡体现水的部门分布情况。北京市调入体现水量为 207 亿立方米，是调出体现水量（156 亿立方米）的 1.3 倍。在 42 个部门中，共有 25 个部门的调入体现水量大于调出体现水量，占部门总数的 60%左右。净调入体现水量最大的三个部门依次是"造纸印刷和文教体育用品"（部门 10）"化学产品"（部门 12）和"电力、热力的生产和供应"（部门 24），分别为 22 亿立方米、17 亿立方米和 16 亿立方米。净调出体现水量最大的三个部门依次是"综合技术服务"（部门 36）"建筑"（部门 27）和"交通运输设备"（部门 18），分别为 17 亿立方米、12 亿立方米和 12 亿立方米。可以看出，北京市的水净调入部门大多是第一产业和第二产业部门，净调出部门大多是第三产业部门。

图 5-9 为北京经济 2017 年 42 个部门的国际贸易平衡体现水的部门分布情况。北京市进口体现水量为 41 亿立方米，是出口体现水量（13 亿立方米）的 3.2 倍。在 42 个部门中，共有 24 个部门的进口体现水量大于出口体现水量，约占部门总数的 57%。净进口体现水量最大的三个部门依次是"农林牧渔产品和服务"（部门 1）"金属冶炼和压延加工品"（部门 14）和"化学产品"（部门 12），分别为 22 亿立方米、4 亿立方米和 4 亿立方米。净出口体现水量最大的三个部门依次

是"建筑"（部门 27）"信息传输、软件和信息技术服务"（部门 31）和"租赁和商务服务"（部门 34），分别为 3 亿立方米、1 亿立方米和 1 亿立方米。北京市国内贸易和国际贸易体现水的结构相似，即第一产业和第二产业部门大多为净输入部门，大部分的第三产业部门是净输出部门。

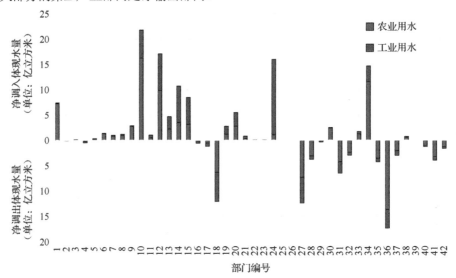

图 5-8　北京经济 2017 年 42 个部门的国内贸易平衡体现水的部门分布情况

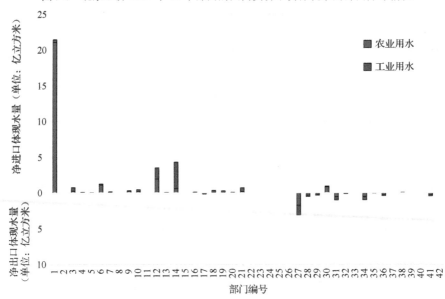

图 5-9　北京经济 2017 年 42 个部门的国际贸易平衡体现水的部门分布情况

第 6 章

可再生能源工程体现水系统核算

近年来，我国加快了发展可再生能源的步伐。可再生能源工程除在运行过程中直接使用水资源外，还会通过生命周期内各种产品和服务的投入带来供应链远端水资源的使用。本章运用前文提出的工程体现水系统核算方法，结合前文提出的多尺度投入产出方法得到的北京经济体现水强度数据库，以八达岭太阳能塔式热发电站为案例，对可再生能源工程的全生命周期体现水进行核算分析。

6.1 研究背景

可再生能源是指太阳能、水能、风能、生物质能、波浪能、潮汐能等由自然界提供的、可循环再生和持续更新的能源。人类开发利用可再生能源的工程即为可再生能源工程。出于对能源安全和应对气候变化的双重考虑，在近半个世纪中，尤其是 21 世纪以来，可再生能源工程得到了长足的发展。国际可再生能源研究机构 REN21（Renewable Energy Policy Network for the 21st Century）发布的《2022全球可再生能源现状报告》指出，全球对可再生能源的需求量持续增长，截至 2020 年，可再生能源消费量约占全球能源总消费量的 12.6%，比 2019 年高出近一个百分点。

我国的能源消费量和温室气体排放量一直处于增长态势。为了调整能源结构、减少对进口能源的依赖以及履行应对气候变化的国际义务，我国颁布了一系列的政策法规来促进可再生能源的发展。自 2006 年起施行的《中华人民共和国可再生能源法》旨在促进可再生能源的开发利用，增加能源供应，改善能源结构，保障能源安全，保护环境，实现经济社会的可持续发展。国家发展改革委、国家能源局等 9 部门联合发布的《"十四五"可再生能源发展规划》也明确提出，要因地制宜大力发展风能、太阳能、生物质能、地热能等可再生能源。该规划还提出，到 2025 年，非化石能源消费比重要提高到 20%左右，可再生能源在一次能源消费增量中占比超过 50%。

表 6-1 列出了我国可再生能源发电"十三五"时期的成就和"十四五"规划目标。可以看出，除水电规模因基数较大而发展速度稍慢外，风电和太阳能发电的规模增长速度非常快。尤其是太阳能发电，预计到 2025 年，太阳能发电的装机总量将达到 6.4 亿千瓦，相比于 2020 年实现翻倍。

表 6-1　我国可再生能源发电"十三五"时期的成就和"十四五"规划目标

	"十三五"时期的成就			"十四五"规划目标		
	2015 年装机总量（单位：亿千瓦）	2020 年装机总量（单位：亿千瓦）	年均增长率	2020 年装机总量（单位：亿千瓦）	2025 年装机总量（单位：亿千瓦）	年均增长率
水电	3.2	3.7	2.9%	3.7	3.8	0.5%
风电	1.3	2.8	16.6%	2.8	5.3	17.3%
太阳能发电	0.4	2.5	44.3%	2.5	6.4	26.5%

世界各国发展可再生能源的初衷是替代化石能源、减少温室气体的排放和发展可持续社会，然而可再生能源工程同任何人造工程一样，原材料在供应链内会引发包括水资源在内的各种资源的使用和污染物的排放。可再生能源工程生命周期内的环境影响一直是学术研究的热点问题，世界各地的专家学者针对不同类型可再生能源的环境影响进行了深入的研究。这些研究大多集中在可再生能源的温室气体排放和化石能源代价上，较少涉及其他的资源使用和环境排放。

部分研究关注了可再生能源的水代价,但这些研究大多集中在分析作为生物质燃料的农作物的直接蒸散水方面。例如，Gerbens-Leenes 等对全世界范围内的 12 种生物质燃料农作物的水足迹进行了分析[45]；Elena 和 Esther 研究了西班牙生物质燃料的水足迹，认为水资源与生物质能的生产息息相关[88]。也有少量的研究计量了其他可再生能源的水资源使用。例如，Mekonnen 和 Hoeksua 核算了 35 处人造库区的蓝水足迹，认为水电使用了大量的水资源[47]；Li 等研究了中国风能的水资源使用，认为风力发电相对传统火力发电来说降低了中国的水资源使用[46]。然而，这些研究还存在一定的问题。首先，这些研究大部分关心的是直接蒸散水，没有考虑体现在可再生能源工程生产链中的水资源。Li 等的研究尽管通过引入投入产出分析避免了这一点,但由于他们的研究对象是整个中国的风电产业,因此无法给出具体某个风电厂的水资源使用情况。若要对比不同风电厂的用水效率,该研究是无能为力的。其次,这些研究大多是针对某一种可再生能源的研究,没有提出针对所有可再生能源工程的统一核算体系。

在前文得到的多尺度体现水强度数据库的基础上,本书提出采用过程分析和投入产出分析相结合的系统核算方法对可再生能源工程的体现水进行核算。该研究方法可用于多种可再生能源工程体现水的计量,也可用于同一种可再生能源不同技术之间的比较,从而为制定可再生能源行业的节水政策提供依据。

6.2　研究方法

6.2.1　混合分析方法

传统的过程分析方法试图通过对研究对象任意生命阶段的任一投入进行追溯并求和计算体现资源使用或体现污染排放。然而,随着社会化大生产的发展和社会分工的细化,任一产品都会与大量其他的产品发生或多或少的联系。例如,太阳能发电厂的建造需要多种建材(如钢筋、水泥),任何一种建材的生产都依赖于多种原料的生产(如水泥的生产依赖于燃料和石灰石的生产),同时任何原料的生产都需要其他的投入(如燃料的生产需要机械设备、厂房建筑和其他燃料的投入)。在当今全球化的背景下,这种追溯无穷尽,甚至很快就会形成循环,因此过程分析方法会造成无法避免的截断误差,从而无法准确得到可再生能源工程的体现水使用。

与过程分析方法不同,投入产出分析方法能够在宏观数据的基础上把握各个产业部门之间的联系,从而避免了截断误差。然而,投入产出分析方法得到的只能是一般意义上的部门平均数据,并不能区分同一产业内部不同技术之间的差异。例如,投入产出分析方法无法对比太阳能光伏发电和太阳能热发电的水资源使用,因此也不能提供针对太阳能发电行业的政策建议。

鉴于以上情况,本书提出采用过程分析和投入产出分析相结合的混合分析方法对可再生能源工程的水资源进行核算。由于以往的环境投入产出方法只针对最终消费产品,而工程所使用的原材料一般都属于中间产品,因此以往的环境投入产出数据不能用于工程水资源的计量。为了系统地计量可再生能源工程的体现水,本书应用过程分析和体现水投入产出分析相结合的系统核算方法。该方法使投入产出分析数据能够与工程的水资源核算相对接。这一方面能完整地追溯可再生能源工程的生命周期水资源使用,避免过程分析方法的截断误差;另一方面可以对比不同的可再生能源技术的水资源,为可再生能源领域的节水工作提供政策建议。

6.2.2　系统核算方法

如第 2 章所述,为了与以往的混合分析研究进行区分,本书提出基于体现水强度数据库的混合分析方法(即系统核算方法),对可再生能源工程的体现水进行核算。系统核算方法具有以下几点优点。

(1)利用投入产出分析方法可以避免过程分析方法的截断误差,以便在统一的核算框架下得到各种产品和服务完整的水资源使用情况。引入由投入产出分析方法得到的水资源强度数据库,可大大提高工程水核算研究的准确性,能够为工程节水技术的设计和推广提供更可靠的数据支持。

(2)利用过程分析方法揭示目标工程详细的体现水结构,可明确指出目标工程的重点用水环节,为工程自身制定节水政策提供参考。

(3)以体现水投入产出模拟为基础,对目标工程体现在生产链中的水资源边际使用量进行准确和完整的追溯,能够有效避免以往水资源核算边界不清等问题。

可再生能源工程体现水系统核算方法的相关理论和核算流程参见第 2.2 节,此处不再赘述。

6.3　案例研究

6.3.1　案例简介

在众多的可再生能源种类中,太阳能是最早被人们利用的。太阳能发电作为太阳能利用的重要方式,一直受到世界各国的普遍关注。我国太阳能资源丰富,适宜太阳能发电的国土面积占总国土面积的三分之二。我国也拥有诸多发展太阳能得天独厚的条件,如较高的单位面积年辐射量及较大的可供太阳能利用的建筑物面积等。因此,我国将太阳能作为可再生能源发展的重要组成部分。

太阳能发电主要有光伏发电和热发电两种方式。本书选取位于北京市延庆区的八达岭太阳能热发电实验电站作为案例来系统核算可再生能源工程的体现水。八达岭太阳能热发电实验电站是中国科学院电工研究所联合多家单位设计建造的我国首座兆瓦级塔式太阳能热发电站,得到了国家 863 重点项目"太阳能热发电技术及系统示范"和北京市科委重大项目等一系列的支持[89]。该电站位于北京市延庆区八达岭镇大浮坨村,该地区全年日照时间超过 2800 小时,总辐射量超过 5702MJ/m^2,属太阳能资源三类地区(较丰富地区),同时也是北京地区太阳能资源最丰富的地区。

6.3.2　清单编制

案例电站的生命周期分为建造阶段、运行阶段和拆除阶段。由于拆除阶段缺乏相关的数据支持,本书只关注前两个阶段。其中,运行期按照一般惯例设置为 20 年。鉴于案例电站位于北京市且建设期在 2007 年前后的情况,本书选取北京市 2007 年体现水强度数据库来系统核算案例电站的体现水(为节省篇幅,具体数据未列出)。根据北京经济 2007 年投入产出表中的部门分类及定义,我们确定了案例电站各项投入产品的生产部门及编号(见表 6-2),并从体现水强度数据库中得到了每个项目的体现水强度数据。

表 6-2　案例电站投入清单及其部门归类

阶　段	项　目	部门编号	部门名称
建造阶段	定日镜系统	20	仪器仪表及文化办公用机械制造业
	吸热蓄热装置	16	通用、专用设备制造业
	锅炉系统	16	通用、专用设备制造业
	汽轮发电系统	18	电气机械及器材制造业
	补给水系统	16	通用、专用设备制造业
	管道	15	金属制品业
	保温材料	13	非金属矿物制品业
	保温油漆	12	化学工业
	电线电缆	18	电气机械及器材制造业
	配电装置	18	电气机械及器材制造业

续表

阶　　段	项　　目	部门编号	部门名称
建造阶段	控制仪器仪表	20	仪器仪表及文化办公用机械制造业
	实验设备	20	仪器仪表及文化办公用机械制造业
	照明系统	16	通用、专用设备制造业
	消防安全系统	15	金属制品业
	其他装置性材料	15	金属制品业
	安装费	26	建筑业
	建筑工程费	26	建筑业
	暖气	15	金属制品业
	通风及空调	16	通用、专用设备制造业
	建设用水	25	水的生产和供应业
	勘测设计费	36	综合技术服务业
	场地征用费	33	房地产业
运行阶段	水	25	水的生产和供应业
	燃料油	11	石油加工、炼焦及核燃料加工业

6.3.3 核算结果

根据第 2.2 节提出的方法和步骤，本书对八达岭太阳能热发电实验电站的体现水进行了核算，得到的结果见表 6-3。

表 6-3 案例电站体现水核算结果

（单位：万立方米）

阶　　段	项　　目	体　现　水		
		农 业 用 水	工 业 用 水	总　　量
建造阶段	定日镜系统	2.5	5.2	7.7
	吸热蓄热装置	0.7	2.3	3.0
	锅炉系统	0.3	0.9	1.2
	汽轮发电系统	0.9	2.5	3.4
	补给水系统	0.2	0.7	0.9
	管道	0.4	1.5	1.9
	保温材料	0.02	0.1	0.1
	保温油漆	0.3	0.3	0.6

续表

阶　　段	项　　目	体　现　水		
		农 业 用 水	工 业 用 水	总　　量
建造阶段	电线电缆	0.3	0.8	1.1
	配电装置	0.6	1.6	2.2
	控制仪器仪表	0.3	0.5	0.8
	实验设备	0.1	0.1	0.2
	照明系统	0.03	0.1	0.1
	消防安全系统	0.04	0.2	0.2
	其他装置性材料	0.1	0.3	0.4
	安装服务	0.7	1.9	2.6
	建筑工程服务	3.6	9.4	13.0
	暖气	0.1	0.4	0.5
	通风及空调	0.02	0.1	0.1
	建设用水	0.02	4.6	4.6
	勘测设计服务	0.3	0.4	0.7
	场地征用服务	0.9	1.5	2.4
运行阶段	水	2.0	479.5	481.5
	燃料油	1.0	3.7	4.7
合计		15.4	518.6	533.9

可以看出，八达岭太阳能热发电实验电站在生命周期内使用了533.9万立方米的体现水。该电站每年的发电量是195万千瓦时，由此计算可得其体现水强度是136.9L/kWh。Burkhardt等核算了美国一个装机容量为103MW的抛物线槽式太阳能热发电站的生命周期体现水强度为4.7L/kWh[90]。该值远远小于上述计算结果，其原因可能是本书研究的电站装机容量较小，且为实验电站，故最终的用水效益要低于美国正式运营的热电站。

Li等计算了中国风电的平均体现水强度，得到的结果是0.6L/kWh[46]，这远远小于上述计算结果。这一方面是因为风电与太阳能发电不可比，另一方面还在于本案例所选取的电站是实验电站，在发电的同时还承担了许多科研实验任务。与此同时，该研究只考虑了风电中所使用的叶轮机的体现水，而本研究考虑了太阳能热电厂的所有投入，包括勘测设计费服务和场地征用等各种产品和服务的投入，因此结果更为全面和准确。

本研究与其他研究的区别还在于对可再生能源工程直接用水的处理方式。以往的研究大多直接将直接用水量加入最终的体现水核算结果，忽略了水开采和传输过程中也需要使用水资源的事实。同时，由于水部门的体现水强度比其他部门高出很多，因此最终的结果远小于实际情况。本书通过引入水部门的体现水强度来计算直接用水的体现水量，结果比其他研究更准确。此外，目前大多数体现水研究只考虑了蒸散水等消耗性水资源，而本书则考虑了所有被使用的水资源，这也使本书的结果高于其他研究的结果。

案例电站建造阶段的体现水量是 47.7 万立方米，只占体现水总量的 8.93%。尽管运行阶段涉及的清单项目较少，只有水和燃料油两种，但体现水量占体现水总量的比例高达 91.07%。由此可见，运行阶段水资源的使用量远远大于建造阶段。这充分说明了生命周期研究的必要性。Burkhardt 等的核算结果显示，美国某槽式太阳能热发电站运行阶段的水使用量占总水资源使用量的 89%[90]，与本研究的结论一致。

在 24 种投入的产品和服务中，运行阶段的自来水投入体现水量最大，占体现水总量的 90.19%。尽管建造阶段的体现水量比运行阶段的小，但组成却非常丰富，共涉及 22 种投入。图 6-1 所示是案例电站建造阶段的体现水结构。可以看出，建造阶段的服务投入（共四项）体现水量占建造阶段体现水总量的将近 40%，其中，建筑工程服务是建造阶段体现水量最大的项目（占比 27.25%）。以往的研究通常只考虑各种材料或实物产品在生命周期内使用的水资源，而认为设计安装等服务并没有直接可见的水资源使用。实际上这是错误的。各种服务的供应链同样体现了水资源的使用，因此必须要在相关的计量中考虑服务导致的水资源使用。不仅如此，根据本书的结果，各种服务的体现水量在体现水总量中占据相当大的比例，因此在相关节水政策的制定中必须重点关注服务业的节水。投入体现水量较大的项目还有定日镜系统（16.14%）和建设用水（9.64%）等。需要注意的是，由于本书缺乏工程相关的准确数据，因此采用北京市建筑业用水定额和案例工程的施工面积估算了案例电站的建设用水。鉴于用水定额通常规定的是上限用水量，因此本书的结果可能大于实际情况。

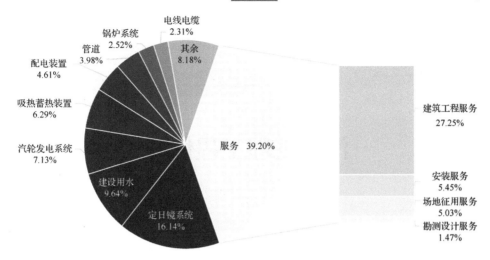

图 6-1 案例电站建造阶段的体现水结构

　　本书所使用的体现水强度数据库给出了农业用水和工业用水两种不同的体现水强度数据，图 6-2 所示是案例电站建造阶段和运行阶段的体现水构成情况。农业用水和工业用水占建造阶段体现水量的比例分别是 26.03%和 73.97%，占运行阶段的比例则是 0.62%和 99.38%。可以看出，在案例电站的建造阶段和运行阶段，工业用水的需求明显高于农业用水。尤其在运行阶段，工业用水占用水总量的绝大部分。这表明在建设和运营过程中，电站对工业用水的依赖度非常高。

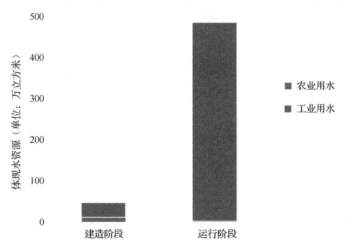

图 6-2 案例电站建造阶段和运行阶段的体现水构成

第 7 章

污水处理工程体现水系统核算

　　污水处理工程对消除水污染和保障水资源供应都至关重要。污水处理工程在生命周期的不同阶段都可能带来水资源的使用，包括直接使用和通过产业链的间接使用。本章应用前文提出的工程体现水系统核算方法，结合前文提出的多尺度投入产出方法得到的北京经济体现水强度数据库，以北京航天城污水处理工程和北京龙道河人工湿地污水处理工程为案例，对典型的传统污水处理工程和生态污水处理工程的全生命周期体现水进行了核算分析。

7.1　研究背景

　　2020 年，我国的淡水资源开采总量为 5685 亿立方米，约占全世界总取水量的 15%，在全世界所有国家和地区中排名第二，仅次于印度。为了实现水资源的可持续发展，我国政府一直致力推进污水处理设施的建设。

　　污水处理是指对污水进行净化，使其达到环境排放或再次利用的标准。随着社会经济的发展和人们生活水平的提高，人们对水资源的需求越来越大，污水排放量也越来越大。污水处理工程一方面能够消除污染，保护自然环境与人类健康，另一方面也能够提供可用的水资源，是社会经济系统不可或缺的一部分。

　　污水处理工程在生命周期内带来的资源使用和环境排放一直是学术研究的热点问题。有多名学者研究了污水处理工程的温室气体排放、能源消耗和能值等生态要素，以及生物毒性、酸雨效应、富营养化、温室效应和资源使用等环境影响[91-96]，但对污水处理工程水资源使用的研究还较少。

考虑到污水处理工程在消除水污染和供应水资源方面的双重意义,本章对污水处理工程的体现水进行研究。污水处理工程一般分为传统的化学污水处理工程和人工湿地生态污水处理工程。为了对比不同污水处理技术的处理效率和水资源利用效率,本研究分别选取北京航天城污水处理工程和北京龙道河人工湿地污水处理工程为案例工程来进行污水处理工程体现水的核算与分析。本研究成果可为水资源的管理提供数据支持,也可为污水处理行业提高水资源利用效率提供政策建议。

7.2 研究方法

7.2.1 系统图示

本章的研究目标是核算污水处理工程在生命周期内体现水量。图 7-1 所示是污水处理工程体现水示意图。污水处理工程的投入产品及服务被分成了材料投入、设备投入和自来水投入(污水处理工程相对来说是小型工程且常位于人口密集、市政管网完备之处,一般不需要自行开采水资源)三类。材料投入是指由其他产业提供且仅能被污水处理工程使用的产品,其体现水即为产品生产过程所体现的水资源使用量。设备投入是指那些没有完全被污水处理工程消耗、还可以供其他工程使用的产品,例如卡车、大型吊装设备等。一般来说,产品的体现水在整个寿命(总工作时长)内的分布是均匀的,因此设备投入的体现水可以通过产品本身的体现水乘以实际工作时间与寿命的比值来计算。那些完全归污水处理工程使用的机械类产品(例如水泵和曝气机等)则不属于这个范畴,它们属于材料投入。这类产品消耗的燃料也被归入材料投入。

自来水投入实质上也是一种材料投入,这里将其单独列出是为了避免以往直接将自来水的量当成其体现水量的错误做法。正如二次能源实质上消耗了远比其本身所蕴含的能量更多的一次能源来生产和传输一样,自来水作为水生产供应业的主要产品,在生命周期内体现了远比自身更多的水资源,因此在核算时必须注意。

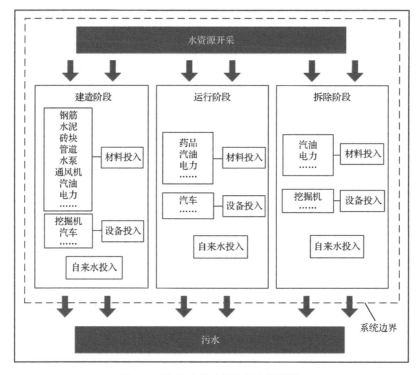

图 7-1　污水处理工程体现水示意图

7.2.2　核算方法与步骤

本书采用过程分析和体现水投入产出分析相结合的系统核算方法对污水处理工程的体现水进行核算,相关理论和核算流程参见第 2.2 节,此处不再赘述。

7.2.3　指标体系

出于对化石能源耗尽的担心,许多研究者提出了各种方法对能源开采工程的效率进行研究,其中最有名的方法当属基于能量分析的净能量分析法。净能量分析法提出,通过研究社会投入能源开采工程的能量和能源开采工程输出到社会的能量之间的比例关系来分析能源开采工程的净能量收益或损失,其提出了一系列的指标,净能量(net energy,NE)和能源回报率(energy return on investment,EROI)就是其中最基本的两个。NE 指能源开采工程最终提供给社会的净能量收益,即提供的能量减去本身消耗的能量。EROI 指能源开采工程最终提供给社会的能量与生产过程中社会系统净投入并消耗的能源的能量之比。

　　污水处理工程与能源开采工程的原理非常类似，即耗费一定的代价向人类经济社会提供有用的能源或资源。本书将这两个指标移植过来用于分析污水处理工程的效率。由于污水处理工程的主要用途是提供可用的水资源，因此我们将衡量标准从能源变成水资源，即使用净水资源（net water，NW）和水资源回报率（water return on investment，WROI）来衡量分析污水处理工程的水处理效率（见表 7-1）。NW 指污水处理工程处理得到的净水资源，即用净化得到的水资源量减去其本身体现水使用量。WROI 指污水处理工程最终提供给社会的干净水资源量与生产过程中社会系统投入的体现水量之比。

　　为了减少温室气体排放和保障能源安全，可再生能源工程在近些年取得了长足的发展。尽管 EROI 对可再生能源工程同样具有意义，但并不足以反映可再生能源工程的可再生性。陈国谦等提出将可再生性指数（nonrenewable energy investment in energy delivered，NEIED）作为评价可再生能源工程可再生性的指标[18, 97, 98]。NEIED 指系统直接和间接消耗的不可再生资源的能量与系统输出到社会的主体产品的能量之比。污水处理工程作为人为再生水资源的唯一方式，对其进行可再生性评价也是非常必要的。本书参照 NEIED 设置了水再生性指数（water investment in water purified，WIWP）来对污水处理工程的可再生性进行评价（见表 7-1）。WIWP 指污水处理工程在生产过程中社会系统投入的体现水量与最终提供给社会的干净水资源量之比。

表 7-1　污水处理工程和能源开采工程评价指标

评 价 项 目	指　　标	定　　义
效率	EROI	EROI =得到的能量/消耗的能量
	WROI	WROI =得到的干净水量/体现水使用量
可再生性	NEIED	NEIED=使用的不可再生能源量/得到的能量
	WIWP	WIWP =体现水使用量/得到的干净水量

7.3　案例研究

7.3.1　北京航天城污水处理工程

　　"九五""十五"期间，随着我国载人航天工程的起步，在政府的大力支持下，北京航天城（简称航天城）在北京的西北郊拔地而起。航天城地处北京西北郊区，市政污水管网当时还未覆盖该区域。为了给航天城内的工作人员营造优美舒适的环境，原总装备部工程设计研究总院环保中心（以下简称环保中心）设计建造了北京航天城污水处理工程，作为航天城的配套工程[99]。航天城的污水主要来源于基地内的科研单位和生活设施排放的工业废水、生活污水和医疗污水，其中生活污水占比超过 80%。主要污染物包括有机物、悬浮物和油类等。污水处理厂的设计日处理量为 7200 立方米，设计进出水水质指标见表 7-2。

表 7-2　北京航天城污水处理工程设计进出水水质指标

（单位：mg/L）

	BOD$_5$	COD	SS	矿　物　油
进水	250	350	220	5.8
出水	<15	<50	<30	<3

北京航天城污水处理工程采用周期循环活性污泥法（cyclic activated sludge system，CASS）处理污水。CASS 是序列式活性污泥处理法（sequencing batch reactor，SBR）的一种改进工艺，通过设置一个间歇式的反应器来完成污水处理的生物反应过程和泥水分离过程，具有工艺简单、运行稳定等优点。自 20 世纪 80 年代被发明以来，CASS 在全世界得到了广泛应用。环保中心的张统等在国内率先引进该技术，并围绕该技术在我国的推广及实际应用做了一系列的重要工作。

北京航天城污水处理工程的设计运行期为 20 年，受数据所限，本书只核算建造阶段与运行阶段的体现水。鉴于该工程位于北京市且建设期在 2007 年前后的情况，本书选取北京市 2007 年体现水强度数据库来系统核算案例电站的体现水。根据北京经济 2007 年投入产出表中的部门分类及定义，我们确定了该工程各项投入产品的生产部门及编号，并从体现水强度数据库中得到了每个项目的体现水强度数据（见表 7-3）。

表 7-3　北京航天城污水处理工程投入清单及其部门归类

阶　　段	类　　型	项　　目	部门编号	部　门　名　称
建造阶段	基础设施	集水池及泵房	26	建筑业
		曝气池	26	建筑业
		沉砂池	26	建筑业
		闸门井	26	建筑业
		辅助用房	26	建筑业

续表

阶　段	类　型	项　目	部门编号	部门名称
建造阶段	设备	格栅	15	金属制品业
		提升泵	16	通用、专用设备制造业
		水下曝气机	16	通用、专用设备制造业
		撇水器	16	通用、专用设备制造业
		污泥泵	16	通用、专用设备制造业
		脱水机	16	通用、专用设备制造业
		电控部分	18	电气机械及器材制造业
	其他	自来水	25	水的生产和供应业
		管道和附件	12	化学工业
运行阶段	材料	药品	12	化学工业
	能源	电力	23	电力、热力的生产和供应业

根据第7.2节提出的方法和步骤，本书对北京航天城污水处理工程的体现水进行了核算，得到的结果见表7-4。

表7-4　北京航天城污水处理工程体现水核算结果

（单位：立方米）

项　目	体　现　水		
	农业用水	工业用水	总　量
水泵	228.1	689.6	917.7
格栅	162.5	588.6	751.1
设备	2073.6	6268.8	8342.4
电控部分	612.0	1685.4	2297.4
管道和附件	2165.6	1979.2	4144.8
集水池及泵房	1091.7	2855.7	3947.4
曝气池	2096.1	5482.9	7579.0
沉砂池	194.1	507.7	701.8
闸门井	169.8	444.2	614.0
辅助用房	1213.0	3173.0	4386.0
自来水	15.8	3693.8	3709.6
电力	6955.4	55626.0	62581.4
药品	2970.8	2715.1	5685.9
总量	19948.5	85710.0	105658.5

可以看出，北京航天城污水处理工程在生命周期内体现了约 10.6 万立方米的水资源使用量，每处理 1 立方米的污水平均要使用 0.002 立方米的水资源。其中，建造阶段的体现水量是 3.7 万立方米，约占体现水总量的 35%。尽管北京航天城污水处理工程的运行阶段涉及的清单项目较少，只有电力和药品两种，但其体现水量占体现水总量的比例高达 65%。由此可见，运行阶段的水资源使用远远大于建造阶段。这充分说明了生命周期研究的必要性。

图 7-2 所示是北京航天城污水处理工程的体现水结构。可以看出，在所有投入的产品和服务中，运行阶段的电力投入的体现水量最大，占体现水总量的59.23%。设备投入的体现水量仅次于电力投入，占体现水总量的 7.90%。建造阶段的土建工程的体现水量占体现水总量的 16%左右，其中曝气池、辅助用房、集水池及泵房是占比较大的项目。

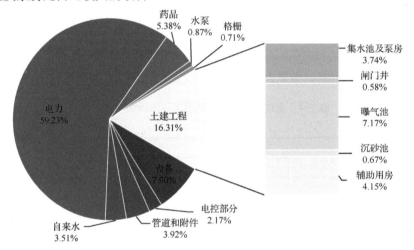

图 7-2　北京航天城污水处理工程的体现水结构

本书所使用的体现水强度数据库给出了农业用水和工业用水两种体现水的强度数据，图 7-3 所示是北京航天城污水处理工程建造阶段和运行阶段体现水量的构成情况。农业用水和工业用水占建造阶段体现水的比例分别是 26.80%和73.20%，占运行阶段的比例则分别是 14.54%和85.46%。可以看出，在该工程建造阶段和运行阶段，工业用水均占了较大的比例。建造阶段使用了较多的工业用水主要是因为混凝土制备、建筑物施工、设备冷却、灌溉绿化等需要大量的水资源，而运行阶段的水资源主要来源于电力投入，因此与电力供应业的体现水构成较为一致。

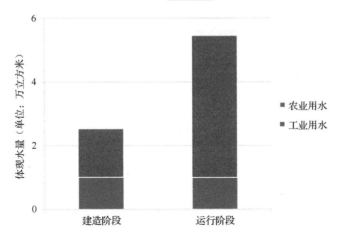

图 7-3　北京航天城污水处理工程建造阶段和运行阶段体现水量的构成情况

7.3.2　北京龙道河人工湿地工程

北京市曾长期受到严重的水资源短缺和水体污染问题的困扰。北京市政府也一直在努力促进污水处理技术和水资源保护技术的发展，人工湿地工程以其在水资源保护和污水治理方面的优异表现成为重点支持发展的对象。

作为一种典型的生态工程，人工湿地是由人工建造并监督控制的仿湿地工程。它能将污水有控制地输入到湿地床上，使污水沿一定的方向流动，然后利用土壤、植物和微生物的物理、化学、生物多重协同作用对污水进行处理。人工湿地根据水流动方式的不同可以分为水平流和垂直流人工湿地，也可分为表面流和潜流式人工湿地。人工湿地工程一般由基质（如土壤、砂、砾石等）、植物（如芦苇、香蒲等具有处理性能好、生长力强、耐污、氧气输送能力高、根系发达等特点的植物）、微生物群落（好氧或厌氧微生物）、其他生物群落（如一些无脊椎动物、鸟等）及部分人工材料（如管道、建筑物）等组成。

2004 年，为了迎接北京奥运会的到来，在北京市水务局北运河管理处的大力支持下，北京特兰斯福生态环境科技发展有限公司设计建造了龙道河人工湿地示范工程。龙道河人工湿地工程的地理位置被定在龙道河汇入温榆河之前，位于龙道沟桥（公路）南侧，温榆河河堤北侧，龙道河西侧。其设计日污水处理量为200 立方米。Chen 等在龙道河人工湿地工程运行期间现场监测了不同污染物的进出水浓度，其结果见表 7-5[100]。

表 7-5　龙道河人工湿地工程进出水水质监测结果

（单位：mg/L）

	BOD₅	COD	TSS	TP	NH₃-H
进水	47.05	108.00	47.60	5.01	22.90
出水	6.00	19.70	7.08	0.06	5.19

龙道河人工湿地工程的设计运行期为 20 年，受数据所限，本书只核算建造阶段与运行阶段的体现水量。鉴于该工程位于北京市且建设期在 2007 年前后的情况，本书选取北京市 2007 年体现水强度数据库来系统核算该工程的体现水。根据北京经济 2007 年投入产出表中的部门分类及定义，我们确定了该工程各项投入产品的生产部门及编号，并从体现水强度数据库中对应得到了每个项目的体现水强度数据（见表 7-6）。

表 7-6　龙道河人工湿地工程投入清单及其部门分类

阶　　段	项　　目	部门编号	部门名称
建造阶段	土工布	12	化学工业
	有机介质	1	农林牧渔业
	矿石类介质	5	非金属矿及其他矿采选业
	其他建筑类介质	13	非金属矿物制品业
	植物	1	农林牧渔业
	水泵	16	通用、专用设备制造业
	电力系统	18	电气机械及器材制造业
	管道和阀门	12	化学工业
	钢栅栏	15	金属制品业
	水泥和砖	13	非金属矿物制品业
运行阶段	电力	23	电力、热力的生产和供应业

根据第 2.2 节提出的方法和步骤，本书对龙道河人工湿地工程的体现水进行了核算，得到的结果见表 7-7。

表 7-7　龙道河人工湿地工程体现水核算结果

（单位：立方米）

项　目	体　现　水		
	农业用水	工业用水	总　量
土工布	107.0	98.0	205.0
有机介质	3730.0	182.4	3912.4
矿石类介质	44.4	87.2	131.6
其他建筑类介质	45.3	142.0	187.3
植物	2230.0	109.0	2339.0
水泵	5.2	15.7	20.9
电力系统	2.2	6.2	8.4
管道和阀门	22.1	20.2	42.3
钢栅栏	0.01	0.04	0.05
水泥和砖	10.1	31.6	41.7
电力	66.2	529.6	595.8
总量	6262.5	1221.9	7484.5

可以看出，龙道河人工湿地工程在生命周期内体现了 7484.5 立方米的水资源使用，每处理 1 立方米的污水平均要使用 0.005 立方米的水资源。其中，建造阶段的体现水量是 6888.7 立方米，约占体现水总量的 92%；运行阶段只涉及电力，其体现水量只占体现水总量的 8%。该工程运行阶段的体现水量远小于传统的污水处理工程，这是因为该工程主要依靠自然净化作用来处理污水，对社会提供能源的需求较小。这也体现了人工湿地作为生态工程的优越性。

图 7-4 所示是龙道河人工湿地工程的体现水结构。可以看出，在所有投入的产品和服务中，有机介质的体现水量最大，占工程体现水总量的 52.27%。植物投入的体现水量仅次于有机介质，占投入体现水总量的 31.25%。运行阶段的电力的体现水量排在第三，占体现水总量的 8%左右。

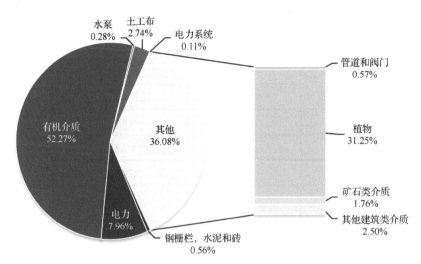

图 7-4　龙道河人工湿地工程的体现水结构

本书所使用的体现水强度数据库给出了农业用水和工业用水两种体现水的强度数据，图 7-5 给出了龙道河人工湿地工程建造阶段和运行阶段体现水量的构成情况。农业用水和工业用水占建造阶段体现水的比例分别是 89.95% 和 10.05%，占运行阶段的比例分别是 11.11% 和 88.89%。可以看出，在建造阶段农业用水占绝大部分比例，运行阶段则使用了较多的工业用水。这主要是由于建造阶段的体现水主要来自农业部门提供的有机基质与植物，因此与农业的体现水构成较为一致；而运行阶段的体现水只取决于电力投入，因此与电力供应业的体现水结构完全一致。

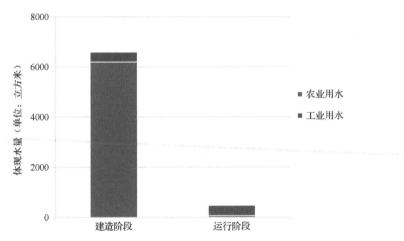

图 7-5　龙道河人工湿地工程建造阶段和运行阶段体现水量的构成情况

7.4　对比分析

7.4.1　处理效率和可再生性

根据第 7.2.3 节的指标定义，本书分别计算了北京航天城污水处理工程（简称传统案例工程）和北京龙道河人工湿地工程（简称人工湿地案例工程）的相关指标。传统案例工程与人工湿地案例工程的 WROI 分别为 497 立方米净水/立方米体现水和 195 立方米净水/立方米体现水，即传统案例工程和人工湿地案例工程分别利用 1 立方米的水资源净化了 497 立方米和 195 立方米的污水。由此可见，传统案例工程的处理效率大约是人工湿地案例工程的 2.55 倍。鉴于本书所选的传统案例工程的污水处理能力（1700m³/d）远大于人工湿地案例工程（200m³/d），规模效应很可能对这一结果有所贡献。

由于 WROI 是参照能源领域的指标 EROI 定义的，本书也将计算得到的 WROI 与能源开采工程的 EROI 进行了对比。一般来说，能源供应工程（如石油开采、煤的开采等）的 EROI 都不会超过 100。这说明污水处理工程的水资源供应效率要高于能源开采工程的能源供应效率。然而，随着浅层、纯度较高、分布集中的能源被慢慢耗尽，能源开采变得越来越难，能源领域的平均 EROI 也随之不断降低。例如，在美国，石油的开采和生产的平均 EROI 已由 20 世纪 30 年代的 100 以上下降到 1970 年前后的 30，最近更是进一步下降到 11～18。可以预见，随着未来淡水资源开采难度的增大以及环境污染物浓度的提高，污水处理工程的 WROI 也会越来越低。

传统案例工程和人工湿地案例工程的 WIWP 分别为 0.002 立方米体现水/立方米净水和 0.005 立方米体现水/立方米净水，即传统案例工程和人工湿地案例工程每处理 1 立方米的污水就需要使用 0.002 立方米和 0.005 立方米的水资源。在可再生能源领域，NEIED 大于 1 表示该系统是不可再生的，小于 1 表示是可再生的，指数越小，可再生性越高。由此可见，两个污水处理案例工程都是可再生的，传统案例工程的可再生性更好。

7.4.2 污染物去除效率与水资源效益

为了对比传统案例工程和人工湿地案例工程的水资源利用效率,本书对比了两个案例工程每处理单位污水、去除单位污染物和产出亿元产值所体现的水资源使用量(见图7-6)。人工湿地案例工程的各项指标依次是传统案例工程的 2.55 倍、14.61 倍、8.69 倍和 2.55 倍。在所有的指标上,传统案例工程的水资源利用效率都高于人工湿地案例工程。因此,在水资源紧缺地区建造污水处理厂,应当优先考虑采用传统的污水处理技术。然而,相比于传统案例工程,人工湿地案例工程能够提供很多额外的生态服务价值,例如供应食物及原材料、调节大气成分、缓冲灾害与调节水资源分布、提供生物栖息地和观赏景观等,决策过程中也应适当考虑。

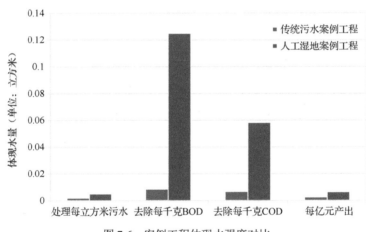

图 7-6 案例工程体现水强度对比

第 8 章

结　　论

本书在讨论和总结水资源核算方面最新进展的基础上,结合系统生态学的思想提出了一整套水资源多尺度核算与分析的理论框架。在宏观经济体层面上,本书发展和完善了体现水的单尺度和多尺度投入产出模拟方法,并以世界经济 2017 年、中国经济 2017 年和北京经济 2017 年为例演示了体现水的多尺度核算与分析,建立了体现水强度数据库。在工程层面上,本书提出了工程体现水的系统核算方法,并基于前文提出的体现水投入产出分析方法得到的体现水强度数据库,选取典型可再生能源工程和污水处理工程开展了相关的案例研究。本书的主要结论如下。

8.1　体现水理论

本书进一步厘定了体现水的概念,将其定义为某种产品或服务在生产或制造周期内直接和间接使用的水资源总和。该定义与传统的水消费或水消耗等概念有根本的不同,一方面避免了传统的水资源核算中边界不明、范围不清以及数据使用混乱等问题,另外一方面也使投入产出分析方法在水资源领域的应用更为合理和清晰。

以往的水资源领域环境投入产出分析方法只是将水资源通过 Leontief 逆矩阵简单摊派到最终消费中,这得到的数据只适用于计算最终消费产品体现的水资源。本研究采用体现水投入产出模拟方法最后得到的数据能够同时适用于计算中间投入产出产品和最终消费产品的体现水。此外,基于体现水投入产出模拟得到的体现水强度数据库能够与工程体现水核算实现良好的对接,大大提高了投入产出模拟数据的适用性以及体现水核算的准确性。

8.2 体现水投入产出模拟方法

在当前经济全球化的背景下，某个地区消费的产品可能来自世界各地，生产的产品也可能销往世界各地，在模拟这些过程及体现水时对数据有非常高的要求。以往的水资源投入产出研究受数据的限制，大多忽略外地产品隐含的体现水，或假设外地产品和本地产品具有相同的体现水强度，从而导致水资源核算结果出现偏差。针对这一现状，本书基于体现水理论，提出了体现水的单尺度和多尺度投入产出模拟方法。前者以世界经济为例，后者以区域经济的三尺度投入产出模拟为例，详细论述了投入产出基本结构及体现水平衡关系，为不同尺度宏观经济系统的水资源使用模拟提供了技术指导。

8.3 体现水投入产出模拟与分析

本书选取世界经济 2017 年、中国经济 2017 年和北京经济 2017 年作为研究对象，进行了不同尺度的体现水投入产出模拟。

1）世界经济 2017 年体现水分析的结论

（1）世界范围内的水资源主要用于生产供人们直接消费的产品。

世界经济 2017 年最终使用体现水包含居民消费、为居民服务的非营利机构消费、政府消费、固定资本形成、存货增加和贵重物品收购六种类型，其中居民消费体现水量最大，为 30056 亿立方米，占世界最终使用体现水量的 75%；其次是固定资本形成体现水量，为 5322 亿立方米，占世界最终使用体现水量的 13%。

（2）发达国家和地区的居民占用了更多的水资源。

2017 年体现水量最大的三个经济体依次是印度、中国和美国，分别为 8571 亿立方米、6106 亿立方米和 4553 亿立方米。然而，从人均体现水量来看，发展中国家和地区远远低于发达国家和地区。印度和中国的人均体现水量分别只有 640 立方米和 440 立方米，分列世界 48 个国家和地区的第 22 和 36 位，分别只有美国人均体现水量的 46% 和 31% 左右。

（3）中国向美国出口的体现水量大于美国向中国出口的体现水量。

中国向美国出口了 155 亿立方米的体现水，是美国向中国出口体现水量（118 亿立方米）的 1.3 倍。这一事实可以有力反驳 BBC 的片面报道。

（4）世界贸易净进口体现水的国家和地区为经济活动较为活跃的国家和地区，世界贸易净出口体现水的国家和地区则大多是以初级产品生产为主的发展中国家和地区及经济发展较落后的国家和地区。

净进口体现水量较大的国家和地区有中国、美国、日本、德国、英国和法国，分别为 1063 亿立方米、905 亿立方米、545 亿立方米、335 亿立方米、279 亿立方米和 251 亿立方米。净出口体现水量较大的国家和地区有亚洲和太平洋其他地区、印度、北美其他地区和中东其他地区，分别为 3086 亿立方米、587 亿立方米、437 亿立方米和 300 亿立方米。

2）中国经济 2017 年体现水分析的结论

（1）我国农业用水和工业用水的直接使用部门及其直接下游部门具有较大的体现水强度。

中国经济 2017 年的 42 个部门中，"农林牧渔产品和服务"部门具有最大的体现水强度（461 立方米/万元），"食品和烟草"部门其次（353 立方米/万元），"电力、热力的生产和供应"部门排第三位（261 立方米/万元）。

（2）我国经济最终使用体现水集中在居民消费和固定资本形成中。

中国经济 2017 年居民消费、为居民服务的非营利机构消费、政府消费、固定资本形成、存货增加和贵重物品收购等六种最终使用体现水类型中，居民消费体现水量最大，为 3148 亿立方米，占最终使用体现水量的 52%，固定资本形成体现水量为 1919 亿立方米，占最终使用体现水量的 31%。

（3）我国对外贸易隐含了大量的体现水转移。

中国的进口体现水总量是 1911 亿立方米，出口体现水总量是 848 亿立方米。其中，体现水主要出口到美国和日本等发达国家和地区，进口体现水主要来自印度、印度尼西亚、巴西等发展中国家和地区。

（4）我国农业相关的部门的进口体现水量最大，劳动密集型产品部门的出口体现水量最大。

"农产品"部门是我国净进口体现水量最大的部门（263 亿立方米），"广播、电视和通信设备及器材"部门是我国净出口体现水量最大的部门（105 亿立方米）。净进口体现水量较大的部门还有"鱼类产品"（30 亿立方米）"牛肉产品"

（11 亿立方米）"建筑工程"（4 亿立方米）。净出口体现水量较大的部门还有"服饰；毛皮"（76 亿立方米）"其他机械和设备"（59 亿立方米）"纺织品"（49 亿立方米）。

3）北京经济 2017 年三尺度体现水分析的结论

（1）北京市直接用水部门具有较大的体现水强度。

北京经济 2017 年的 42 个部门中，"农林牧渔产品和服务"部门具有最大的体现水强度（354 立方米/万元），"食品和烟草"部门其次（243 立方米/万元）。"电力、热力的生产和供应"排名第三（144 立方米/万元）。

（2）北京经济的平均用水效率高于中国平均水平和世界平均水平。

北京经济 2017 年的平均体现水强度为 54 立方米/万元，远低于中国经济 2017 年的 97 立方米/万元，也低于世界经济 2017 年的 83 立方米/万元。

（3）北京经济最终使用体现水集中在城镇居民消费、固定资本形成与政府消费中。

在北京经济 2017 年农村居民消费、城镇居民消费、政府消费、固定资本形成、存货变动等五种最终使用体现水类型中，固定资本形成体现水量最大，为 33 亿立方米，占最终使用体现水量的 38%，城镇居民消费体现水量为 32 亿立方米，占最终使用体现水量的 36%。

（4）北京经济体现水使用存在城乡不均衡。

北京经济城镇居民消费人均体现水量为 168 立方米/人，是农村居民消费人均体现水量（70 立方米/人）的 2.4 倍。因此，北京市未来节水的重点应是促进城镇居民的生活方式向节水方向转变。

（5）北京经济通过国内贸易和国际贸易均净进口了大量的体现水，前者比后者更大。

2017 年，北京经济调入体现水量为 207 亿立方米，大于调出体现水量（156 亿立方米），国内贸易净调入 51 亿立方米体现水。进口体现水量为 41 亿立方米，大于出口体现水量（13 亿立方米），国际贸易净进口 28 亿立方米体现水。

8.4 工程体现水系统核算

本书首次将基于体现水投入产出模拟建立的体现水强度数据库运用到工程

领域，提出了系统核算方法，选取典型工程进行了案例研究。

1）对太阳能可再生能源工程的系统核算

（1）八达岭太阳能热发电实验电站在生命周期内使用了 533.9 万立方米的体现水，每度电的体现水是 136.92 升。

（2）该电站建造阶段的体现水量是 47.7 万立方米，只占体现水总量的 8.93%，运行阶段的体现水量占体现水总量的比例高达 91.07%。

（3）运行阶段的自来水投入的体现水量最大，占体现水总量的 90.19%。建造阶段的服务投入体现水量占建造阶段体现水总量的将近 40%，其中建筑工程服务是建造阶段中体现水量最大的项目（占比 27.25%）。

（4）体现水强度数据库的选取对可再生能源工程体现水的计量非常关键。基于体现水投入产出模拟方法建立的体现水强度数据库，实现了投入产出数据与工程体现水核算的良好对接，能够提高投入产出数据的适用性和体现水核算的准确性。相关的研究人员和政策制定者在未来的水资源研究工作中，须准确选取数据库，以减少错误。

2）对污水处理工程的系统核算

（1）北京航天城污水处理工程在生命周期内体现了约 10.6 万立方米的水资源使用量，每处理 1 立方米的污水平均要开采 0.002 立方米的水资源。其中，建造阶段的体现水量是 3.7 万立方米，约占体现水总量的 35%；运行阶段的电力投入的体现水量最大，占体现水总量的 59%。

（2）龙道河人工湿地工程在生命周期内体现了 7484.5 立方米的水资源使用量，每处理 1 立方米的污水平均要开采 0.005 立方米的水资源。其中，建造阶段的体现水量是 6888.7 立方米，约占体现水总量的 92%；各种基质投入的体现水量最大，占体现水总量的一半以上，这当中有机介质的体现水量最大，占体现水总量的 52.27%。

（3）传统案例工程和人工湿地案例工程都是可再生的，每处理 1 立方米的污水分别需要使用 0.002 立方米和 0.005 立方米的水资源。传统案例工程的可再生性更好，其 WROI 大约是人工湿地案例工程的 2.55 倍。

本书部分数据及结果

A.1 EXIOBASE 多区域投入产出表中的 48 个国家/地区

序 号	名 称	缩 写	序 号	名 称	缩 写
1	奥地利	AT	21	荷兰	NL
2	比利时	BE	22	波兰	PL
3	保加利亚	BG	23	葡萄牙	PT
4	塞浦路斯	CY	24	罗马尼亚	RO
5	捷克共和国	CZ	25	瑞典	SE
6	德国	DE	26	斯洛文尼亚	SI
7	丹麦	DK	27	斯洛伐克	SK
8	爱沙尼亚	EE	28	英国	GB
9	西班牙	ES	29	美国	US
10	芬兰	FI	30	日本	JP
11	法国	FR	31	中国	CN
12	希腊	GR	32	加拿大	CA
13	克罗地亚	HR	33	韩国	KR
14	匈牙利	HU	34	巴西	BR
15	爱尔兰	IE	35	印度	IN
16	意大利	IT	36	墨西哥	MX
17	立陶宛	LT	37	俄罗斯	RU
18	卢森堡	LU	38	澳大利亚	AU
19	拉脱维亚	LV	39	瑞士	CH
20	马耳他	MT	40	土耳其	TR

续表

序　号	名　称	缩　写	序　号	名　称	缩　写
41	挪威	NO	45	北美地区	WL
42	印度尼西亚	ID	46	欧洲	WE
43	南非	ZA	47	非洲分部	WF
44	亚洲和太平洋地区	WA	48	中东地区	WM

A.2　EXIOBASE 多区域投入产出表合并后的 182 个经济部门

序　号	部门名称	英文部门名称
1	稻米	paddy rice
	小麦	wheat
	其他谷类谷物	cereal grains nec
	蔬菜、水果、坚果	vegetables, fruit, nuts
	油料种子	oil seeds
	甘蔗、甜菜	sugar cane, sugar beet
	植物性纤维	plant-based fibers
	其他作物	crops nec
	牛	cattle
	猪	pigs
	家禽	poultry
	其他肉类动物	meat animals nec
	其他动物产品	animal products nec
	原奶	raw milk
	羊毛、蚕茧	wool, silk-worm cocoons
	常规处理的肥料	manure（conventional treatment）
	沼气处理的肥料	manure（biogas treatment）
	林业、伐木及相关服务	products of forestry, logging and related services
	鱼和其他渔业产品；渔业的附带服务	fish and other fishing products; services incidental of fishing

续表

序　号	部门名称	英文部门名称
2	无烟煤	anthracite
3	炼焦煤	coking coal
4	其他烟煤	other bituminous coal
5	亚烟煤	sub-bituminous coal
6	专利燃料	patent fuel
7	褐煤	lignite/brown coal
8	煤砖/煤球	BKB/peat briquettes
9	泥煤	peat
10	原油和与原油开采有关的服务，不包括勘测	crude petroleum and services related to crude oil extraction, excluding surveying
11	天然气和与天然气开采有关的服务，不包括勘测	natural gas and services related to natural gas extraction, excluding surveying
12	天然气液体	natural gas liquids
13	其他碳氢化合物	other hydrocarbons
14	铀和钍矿石	uranium and thorium ores
15	铁矿石	iron ores
16	铜矿石和精矿	copper ores and concentrates
17	镍矿和精矿	nickel ores and concentrates
18	铝矿石和精矿	aluminium ores and concentrates
19	贵金属矿石和浓缩物	precious metal ores and concentrates
20	铅、锌和锡矿石及精矿	lead, zinc and tin ores and concentrates
21	其他有色金属矿石和精矿	other non-ferrous metal ores and concentrates
22	石头	stone
23	沙子和粘土	sand and clay
24	其他化学和化肥矿物、盐和采矿采石产品	chemical and fertilizer minerals, salt and other mining and quarrying products nec
25	牛肉产品	products of meat cattle
26	猪肉产品	products of meat pigs
27	禽肉产品	products of meat poultry
28	其他肉类产品	meat products nec
29	植物油和脂肪产品	products of vegetable oils and fats

续表

序 号	部 门 名 称	英文部门名称
30	乳制品	dairy products
31	大米加工	processed rice
32	糖类	sugar
33	其他食品	food products nec
34	饮料	beverages
35	鱼类产品	fish products
36	烟草制品	tobacco products
37	纺织品	textiles
38	服饰；毛皮	wearing apparel; furs
39	皮革和皮革制品	leather and leather products
40	木材及木制品和软木制品（家具除外）；稻草和编织材料制品	wood and products of wood and cork (except furniture); articles of straw and plaiting materials
41	待处理的木材，再加工的二次木材制成的新木材	wood material for treatment, re-processing of secondary wood material into new wood material
42	纸浆	pulp
43	待处理的二次纸，再加工成新纸浆的二次纸	secondary paper for treatment, re-processing of secondary paper into new pulp
44	纸和纸制品	paper and paper products
45	印刷品和记录媒体	printed matter and recorded media
46	焦炉焦炭	coke oven coke
47	气体焦炭	gas coke
48	煤焦油	coal tar
49	汽车汽油	motor gasoline
50	航空汽油	aviation gasoline
51	汽油型喷气燃料	gasoline type jet fuel
52	煤油型喷气燃料	kerosene type jet fuel
53	煤油	kerosene
54	燃气/柴油	gas/diesel oil
55	重质燃料油	heavy fuel oil
56	炼油厂气体	refinery gas
57	液化石油气	liquefied petroleum gases (LPG)

续表

序　号	部门名称	英文部门名称
58	炼油厂原料	refinery feedstocks
59	乙烷	ethane
60	石脑油	naphtha
61	白电油和特殊沸点溶剂	white spirit & SBP
62	润滑油	lubricants
63	沥青	bitumen
64	石蜡	paraffin waxes
65	石油焦	petroleum coke
66	其他石油产品	non-specified petroleum products
67	核燃料	nuclear fuel
68	基础塑料	plastics, basic
69	待处理的二次塑料，再加工成新塑料的二次塑料	secondary plastic for treatment, re-processing of secondary plastic into new plastic
70	氮肥	n-fertiliser
71	磷肥和其他化肥	p- and other fertiliser
72	其他化学品	chemicals nec
73	木炭	charcoal
74	添加剂/混合成分	additives/blending components
75	生物汽油	bio gasoline
76	生物燃料	biodiesels
77	其他液体生物燃料	other liquid biofuels
78	橡胶和塑料制品	rubber and plastic products
79	玻璃和玻璃制品	glass and glass products
80	待处理的二次玻璃，再加工成新玻璃的二次玻璃	secondary glass for treatment, re-processing of secondary glass into new glass
81	陶瓷制品	ceramic goods
82	烧制粘土砖、瓦及建筑产品	bricks, tiles and construction products, in baked clay
83	水泥、石灰和石膏	cement, lime and plaster
84	待处理的灰烬，再加工成水泥熟料的灰烬	ash for treatment, re-processing of ash into clinker
85	其他非金属矿物制品	other non-metallic mineral products

续表

序 号	部门名称	英文部门名称
86	基础钢铁和铁合金及其初级产品	basic iron and steel and of ferro-alloys and first products thereof
87	待处理的二次钢, 再加工成新钢的二次钢	secondary steel for treatment, re-processing of secondary steel into new steel
88	贵重金属	precious metals
89	待处理的二次贵金属, 再加工成新贵金属的二次贵金属	secondary precious metals for treatment, re-processing of secondary precious metals into new precious metals
90	铝和铝制品	aluminium and aluminium products
91	待处理的二次铝, 再加工成新铝的二次铝	secondary aluminium for treatment, re-processing of secondary aluminium into new aluminium
92	铅、锌、锡及其制品	lead, zinc and tin and products thereof
93	待处理的二次铅, 再加工成新铅的二次铅	secondary lead for treatment, re-processing of secondary lead into new lead
94	铜制品	copper products
95	待处理的二次铜, 再加工成新铜的二次铜	secondary copper for treatment, re-processing of secondary copper into new copper
96	其他有色金属产品	other non-ferrous metal products
97	待处理的二次有色金属, 再加工成新有色金属的二次有色金属	secondary other non-ferrous metals for treatment, re-processing of secondary other non-ferrous metals into new other non-ferrous metals
98	铸造服务	foundry work services
99	金属加工产品, 不包括机械和设备	fabricated metal products, except machinery and equipment
100	其他机械和设备	machinery and equipment nec
101	办公机械和计算机	office machinery and computers
102	其他电气机械和仪器	electrical machinery and apparatus nec
103	广播、电视和通信设备及器材	radio, television and communication equipment and apparatus
104	医疗、精密和光学仪器、手表和钟表	medical, precision and optical instruments, watches and clocks
105	机动车、拖车和半拖车	motor vehicles, trailers and semi-trailers
106	其他运输设备	other transport equipment

序　号	部门名称	英文部门名称
107	家具；其他制成品	furniture; other manufactured goods nec
108	二次原材料	secondary raw materials
109	待处理的瓶子，通过直接再利用回收的瓶子	bottles for treatment, recycling of bottles by direct reuse
110	燃煤发电	electricity by coal
111	燃气发电	electricity by gas
112	核电	electricity by nuclear
113	水力发电	electricity by hydro
114	风力发电	electricity by wind
115	石油和其他石油衍生品发电	electricity by petroleum and other oil derivatives
116	生物质和废弃物发电	electricity by biomass and waste
117	太阳能光伏发电	electricity by solar photovoltaic
118	太阳热能发电	electricity by solar thermal
119	潮汐、海浪、海洋发电	electricity by tide, wave, ocean
120	地热发电	electricity by geothermal
121	其他电力产品	electricity nec
122	电力传输服务	transmission services of electricity
123	电力的分配和交易服务	distribution and trade services of electricity
124	炼焦炉煤气	coke oven gas
125	高炉煤气	blast furnace gas
126	氧气钢炉煤气	oxygen steel furnace gas
127	煤气厂煤气	gas works gas
128	沼气	biogas
129	管道燃气的分配服务	distribution services of gaseous fuels through mains
130	蒸汽和热水供应服务	steam and hot water supply services
131	收集和净化水，供水服务	collected and purified water, distribution services of water
132	建筑工程	construction work
133	待处理的二次建筑材料，再加工成骨料的二次建筑材料	secondary construction material for treatment, re-processing of secondary construction material into aggregates

序　　号	部 门 名 称	英文部门名称
134	机动车、机动车零部件、摩托车、电动车零部件及配件的销售、维护、修理	sale, maintenance, repair of motor vehicles, motor vehicles parts, motorcycles, motor cycles parts and accessoiries
135	汽车燃料的零售贸易服务	retail trade services of motor fuel
136	批发贸易和代理贸易服务，不包括机动车和摩托车	wholesale trade and commission trade services, except of motor vehicles and motorcycles
137	零售贸易服务，不包括机动车和摩托车；个人和家庭用品的维修服务	retail trade services, except of motor vehicles and motorcycles; repair services of personal and household goods
138	酒店和餐馆服务	hotel and restaurant services
139	铁路运输服务	railway transportation services
140	其他陆路运输服务	other land transportation services
141	管道运输服务	transportation services via pipelines
142	海上和沿海水上运输服务	sea and coastal water transportation services
143	内陆水运服务	inland water transportation services
144	航空运输服务	air transport services
145	交通辅助服务及相关服务；旅行社服务	supporting and auxiliary transport services; travel agency services
146	邮政和电信服务	post and telecommunication services
147	金融中介服务，但保险和养老金筹集服务除外	financial intermediation services, except insurance and pension funding services
148	保险和养老金筹集服务，强制性社会保障服务除外	insurance and pension funding services, except compulsory social security services
149	金融中介辅助服务	services auxiliary to financial intermediation
150	房地产服务	real estate services
151	无人操作的机器和设备以及个人和家庭用品的租赁服务	renting services of machinery and equipment without operator and of personal and household goods
152	计算机及相关服务	computer and related services
153	研究和开发服务	research and development services
154	其他商业服务	other business services
155	公共管理和国防服务；强制性的社会保障服务	public administration and defence services; compulsory social security services

续表

序 号	部 门 名 称	英文部门名称
156	教育服务	education services
157	卫生和社会工作服务	health and social work services
158	待处理的食品废弃物：焚烧	food waste for treatment: incineration
159	待处理的纸张废弃物：焚烧	paper waste for treatment: incineration
160	待处理的塑料废弃物：焚烧	plastic waste for treatment: incineration
161	惰性/金属废弃物处理：焚烧	intert/metal waste for treatment: incineration
162	纺织废弃物处理：焚烧	textiles waste for treatment: incineration
163	木材废弃物处理：焚烧	wood waste for treatment: incineration
164	油/危险废弃物处理：焚烧	oil/hazardous waste for treatment: incineration
165	食品废弃物处理：沼气化和土地应用	food waste for treatment: biogasification and land application
166	纸张废弃物处理：沼气化和土地应用	paper waste for treatment: biogasification and land application
167	污泥处理：沼气化和土地应用	sewage sludge for treatment: biogasification and land application
168	食品废弃物处理：堆肥和土地应用	food waste for treatment: composting and land application
169	纸张和木材废弃物处理：堆肥和土地应用	paper and wood waste for treatment: composting and land application
170	食品废弃物处理：废水处理	food waste for treatment: waste water treatment
171	其他废弃物处理：废水处理	other waste for treatment: waste water treatment
172	食品废弃物处理：填埋	food waste for treatment: landfill
173	待处理的纸张：填埋	paper for treatment: landfill
174	塑料废弃物处理：填埋	plastic waste for treatment: landfill
175	惰性/金属/危险废弃物处理：填埋	inert/metal/hazardous waste for treatment: landfill
176	纺织废弃物处理：填埋	textiles waste for treatment: landfill
177	木材废弃物处理：填埋	wood waste for treatment: landfill
178	其他会员组织服务	membership organisation services nec
179	娱乐、文化和体育服务	recreational, cultural and sporting services
180	其他服务	other services
181	雇佣员工的家庭产业	private households with employed persons
182	境外组织和机构	extra-territorial organizations and bodies

A.3　世界经济 2017 年各部门体现水强度

（单位：立方米/千欧元）

序　号	农业用水	工业用水	总水资源	序　号	农业用水	工业用水	总水资源
1	738.5	11.1	749.6	28	105.8	12.5	118.3
2	20.2	31.1	51.3	29	328.0	18.1	346.1
3	15.4	11.8	27.2	30	199.2	14.5	213.7
4	11.3	12.9	24.2	31	435.2	19.2	454.4
5	4.9	9.3	14.2	32	349.3	22.0	371.3
6	21.5	23.2	44.7	33	217.8	13.0	230.8
7	6.6	27.1	33.7	34	95.0	13.1	108.1
8	9.3	32.4	41.7	35	277.3	70.3	347.6
9	7.3	17.4	24.7	36	134.2	7.6	141.8
10	5.1	9.7	14.8	37	79.1	27.0	106.1
11	4.2	8.1	12.3	38	49.7	21.8	71.5
12	4.3	8.4	12.7	39	73.8	31.7	105.5
13	3.4	6.9	10.3	40	84.9	13.5	98.4
14	17.5	10.2	27.7	41	0.0	0.0	0.0
15	9.5	10.0	19.5	42	36.9	93.2	130.1
16	8.1	24.5	32.6	43	0.0	0.0	0.0
17	9.3	16.8	26.1	44	60.8	46.9	107.7
18	23.4	16.2	39.6	45	19.2	13.8	33.0
19	7.8	18.9	26.7	46	15.0	9.5	24.5
20	11.9	25.8	37.7	47	12.3	7.2	19.5
21	15.7	32.8	48.5	48	13.1	9.2	22.3
22	7.7	12.8	20.5	49	6.7	10.1	16.8
23	10.2	16.4	26.7	50	8.7	11.2	19.9
24	22.1	12.6	34.7	51	12.1	13.0	25.1
25	306.7	9.1	315.8	52	10.4	10.8	21.2
26	282.9	10.1	293.0	53	9.5	12.0	21.5
27	190.8	11.4	202.2	54	7.4	11.1	18.5

序　号	农业用水	工业用水	总水资源	序　号	农业用水	工业用水	总水资源
55	10.0	10.8	20.8	85	22.3	30.3	52.6
56	9.6	13.0	22.6	86	14.5	59.0	73.5
57	8.5	10.5	19.0	87	0.0	0.0	0.0
58	10.9	10.5	21.4	88	14.5	18.7	33.2
59	8.6	11.3	19.9	89	0.0	0.0	0.0
60	9.2	11.8	21.0	90	14.8	43.9	58.7
61	15.8	11.3	27.1	91	0.0	0.0	0.0
62	10.6	12.2	22.8	92	13.3	37.1	50.4
63	8.9	12.3	21.2	93	0.0	0.0	0.0
64	11.1	12.3	23.4	94	10.9	25.5	36.4
65	8.2	12.0	20.2	95	0.0	0.0	0.0
66	10.9	13.7	24.6	96	17.0	28.3	45.3
67	36.4	16.7	53.1	97	0.0	0.0	0.0
68	32.5	72.9	105.4	98	13.7	21.1	34.8
69	0.0	0.0	0.0	99	11.1	29.0	40.1
70	96.1	2642.1	2738.2	100	10.2	20.4	30.6
71	41.6	165.6	207.2	101	14.6	11.7	26.3
72	62.3	26.4	88.7	102	13.3	21.1	34.4
73	116.7	17.2	133.9	103	12.8	14.3	27.1
74	63.3	22.3	85.6	104	8.0	10.7	18.7
75	49.7	18.5	68.2	105	9.3	14.3	23.6
76	61.9	15.1	77.0	106	11.1	14.3	25.4
77	63.1	16.7	79.8	107	25.9	23.4	49.3
78	38.6	31.3	69.9	108	16.7	8.0	24.7
79	17.4	18.6	36.0	109	0.0	0.0	0.0
80	0.0	0.0	0.0	110	9.4	461.1	470.5
81	23.7	22.1	45.8	111	7.6	450.0	457.6
82	19.7	45.5	65.2	112	3.6	515.0	518.6
83	11.6	48.8	60.4	113	6.7	5.2	11.9
84	0.0	0.0	0.0	114	14.0	6.1	20.1

续表

序　号	农业用水	工业用水	总水资源	序　号	农业用水	工业用水	总水资源
115	13.0	739.7	752.7	145	9.4	4.9	14.3
116	16.2	129.1	145.3	146	2.0	3.3	5.3
117	16.2	8.2	24.4	147	4.2	2.4	6.6
118	1.9	20.4	22.3	148	5.4	2.9	8.3
119	5.6	4.9	10.5	149	5.3	2.4	7.7
120	6.7	268.4	275.1	150	4.1	5.9	10.0
121	24.9	8.9	33.8	151	7.5	3.8	11.3
122	8.6	78.7	87.3	152	6.8	4.8	11.6
123	6.2	76.7	82.9	153	16.9	7.2	24.1
124	38.1	20.5	58.6	154	6.6	4.0	10.6
125	30.3	25.3	55.6	155	6.2	5.2	11.4
126	93.4	19.8	113.2	156	5.4	4.0	9.4
127	93.6	18.1	111.7	157	13.5	5.9	19.4
128	20.0	11.4	31.4	158	12.2	7.3	19.5
129	7.4	13.6	21.0	159	11.4	7.1	18.5
130	8.5	13.9	22.4	160	8.8	6.1	14.9
131	5.4	15.0	20.4	161	8.3	5.6	13.9
132	16.4	12.6	29.0	162	13.3	7.7	21.0
133	0.0	0.0	0.0	163	11.9	6.8	18.7
134	3.0	2.8	5.8	164	9.6	6.2	15.8
135	24.5	9.3	33.8	165	10.2	4.3	14.5
136	6.0	2.5	8.5	166	18.1	7.3	25.4
137	7.4	4.6	12.0	167	5.4	5.2	10.6
138	55.4	5.1	60.5	168	10.1	8.5	18.6
139	4.7	5.2	9.9	169	6.0	6.2	12.2
140	9.9	4.9	14.8	170	13.5	6.3	19.8
141	20.3	14.3	34.6	171	18.7	6.2	24.9
142	15.3	6.2	21.5	172	9.9	14.1	24.0
143	11.5	6.8	18.3	173	11.6	11.7	23.3
144	9.2	5.5	14.7	174	10.7	12.8	23.5

序　　号	农业用水	工业用水	总水资源	序　　号	农业用水	工业用水	总水资源
175	10.7	10.4	21.1	179	11.3	5.7	17.0
176	9.9	10.8	20.7	180	26.3	9.1	35.4
177	10.3	11.2	21.5	181	12.0	5.0	17.0
178	12.2	5.3	17.5	182	0.0	0.0	0.0
				平均	49.2	16.2	65.4

A.4　世界经济2017年48个国家和地区的体现水清单

地　区	农业用水体现水量（单位：亿立方米）	工业用水体现水量（单位：亿立方米）	体现水总量（单位：亿立方米）	人均体现水量（单位：立方米/人）	进口体现水量（单位：亿立方米）	出口体现水量（单位：亿立方米）
1	24.9	30.6	55.5	0.6	38.4	23.8
2	97.6	58.2	155.8	1.4	122.3	35.8
3	13.4	20.0	33.4	0.5	13.9	32.3
4	3.3	1.0	4.3	0.4	3.6	1.2
5	16.0	11.2	27.2	0.3	25.0	3.1
6	332.3	245.1	577.4	0.7	442.0	107.2
7	18.3	9.7	28.0	0.5	26.0	3.2
8	4.8	2.2	7.0	0.5	6.6	0.5
9	251.2	75.9	327.1	0.7	182.8	123.4
10	15.7	14.9	30.6	0.6	21.5	5.5
11	215.7	86.8	302.5	0.5	274.3	23.1
12	68.5	16.4	84.9	0.9	31.7	44.5
13	4.7	4.4	9.1	0.2	8.0	3.2
14	12.5	23.4	35.9	0.4	18.1	17.0
15	20.8	18.0	38.8	0.8	36.2	14.1
16	330.8	146.2	477.0	0.8	223.0	96.8
17	5.9	16.0	21.9	0.8	8.2	16.1
18	20.2	3.3	23.5	4.0	23.5	0.2
19	4.5	2.5	7.0	0.4	6.8	1.1

地　区	农业用水体现水量（单位：亿立方米）	工业用水体现水量（单位：亿立方米）	体现水总量（单位：亿立方米）	人均体现水量（单位：亿立方米/人）	进口体现水量（单位：亿立方米）	出口体现水量（单位：亿立方米）
20	2.4	0.9	3.3	0.7	3.2	0.2
21	133.6	49.9	183.5	1.1	161.4	34.1
22	57.1	77.3	134.4	0.4	72.8	26.0
23	135.2	16.0	151.2	1.5	30.3	78.4
24	26.7	25.4	52.1	0.3	27.7	20.0
25	31.4	16.9	48.3	0.5	45.6	6.4
26	8.2	5.6	13.8	0.7	10.7	4.0
27	8.9	9.5	18.4	0.3	13.9	7.6
28	237.5	99.4	336.9	0.5	304.2	25.6
29	2457.7	2095.3	4553.0	1.4	1535.5	631.2
30	973.9	158.7	1132.6	0.9	590.7	45.4
31	4922.5	1183.5	6106.0	0.4	1910.9	847.8
32	188.9	213.8	402.7	1.1	236.5	110.3
33	377.7	253.4	631.1	1.2	283.4	86.7
34	386.7	128.7	515.4	0.2	142.4	145.0
35	7755.9	815.1	8571.0	0.6	441.3	1028.4
36	491.6	62.3	553.9	0.4	123.9	289.0
37	385.0	339.0	724.0	0.5	315.7	108.9
38	175.4	53.1	228.5	0.9	187.7	73.2
39	39.1	28.5	67.6	0.8	54.7	7.5
40	476.1	135.2	611.3	0.8	152.4	167.1
41	25.8	14.5	40.3	0.8	34.0	13.6
42	1712.4	100.4	1812.8	0.7	160.2	322.7
43	108.2	19.4	127.6	0.2	49.0	48.3
44	3826.8	840.1	4666.9	0.5	904.0	3990.2
45	1124.8	416.0	1540.8	0.5	327.8	764.3
46	128.6	110.4	239.0	0.3	97.7	123.6
47	1185.6	214.6	1400.2	0.1	418.5	407.2
48	1927.3	471.9	2399.2	0.5	746.5	1046.5

A.5　中国经济2017年各部门体现水强度

（单位：立方米/万元）

序　号	部　门	农业用水体现水强度	工业用水体现水强度
1	农林牧渔产品和服务	454.71	6.09
2	煤炭采选产品	23.40	11.05
3	石油和天然气开采产品	19.49	27.43
4	金属矿采选产品	20.20	43.70
5	非金属矿和其他矿采选产品	25.95	36.00
6	食品和烟草	339.23	14.20
7	纺织品	97.55	20.41
8	纺织服装鞋帽皮革羽绒及其制品	81.58	20.70
9	木材加工品和家具	150.20	6.09
10	造纸印刷和文教体育用品	118.93	40.35
11	石油、炼焦产品和核燃料加工品	14.58	14.89
12	化学产品	74.20	53.86
13	非金属矿物制品	31.92	34.90
14	金属冶炼和压延加工品	28.37	57.34
15	金属制品	26.36	43.42
16	通用设备	23.09	27.20
17	专用设备	23.70	30.77
18	交通运输设备	26.41	24.45
19	电气机械和器材	25.91	32.26
20	通信设备、计算机和其他电子设备	27.68	26.75
21	仪器仪表	22.03	31.02
22	其他制造产品和废品废料	33.60	16.87
23	金属制品、机械和设备修理服务	5.42	1.28
24	电力、热力的生产和供应	18.36	242.79
25	燃气生产和供应	15.64	13.86
26	水的生产和供应	16.13	71.02
27	建筑	29.55	20.74

续表

序　号	部　门	农业用水体现水强度	工业用水体现水强度
28	批发和零售	4.42	1.03
29	交通运输、仓储和邮政	37.81	7.12
30	住宿和餐饮	142.85	5.36
31	信息传输、软件和信息技术服务	25.50	13.87
32	金融	15.91	4.08
33	房地产	19.61	7.07
34	租赁和商务服务	36.62	9.52
35	研究和试验发展	104.15	22.21
36	综合技术服务	35.44	9.51
37	水利、环境和公共设施管理	23.94	11.99
38	居民服务、修理和其他服务	52.41	13.32
39	教育	9.80	3.01
40	卫生和社会工作	51.31	14.09
41	文化、体育和娱乐	43.54	9.46
42	公共管理、社会保障和社会组织	19.43	4.67

A.6　北京经济 2017 年各部门体现水强度

（单位：立方米/万元）

编　号	部　门	农业用水	工业用水	总水资源
1	农林牧渔产品和服务	339.12	15.04	354.16
2	煤炭采选产品	15.12	35.46	50.58
3	石油和天然气开采产品	12.46	15.87	28.33
4	金属矿采选产品	12.92	43.38	56.30
5	非金属矿和其他矿采选产品	16.48	13.81	30.29
6	食品和烟草	224.49	18.31	242.80
7	纺织品	65.51	24.16	89.67
8	纺织服装鞋帽皮革羽绒及其制品	55.21	16.25	71.46
9	木材加工品和家具	58.88	19.04	77.92
10	造纸印刷和文教体育用品	52.88	29.33	82.21

续表

编 号	部 门	农 业 用 水	工 业 用 水	总 水 资 源
11	石油、炼焦产品和核燃料加工品	14.54	21.15	35.69
12	化学产品	63.15	25.51	88.66
13	非金属矿物制品	24.62	31.74	56.36
14	金属冶炼和压延加工品	24.07	54.00	78.07
15	金属制品	23.59	36.37	59.96
16	通用设备	18.26	22.09	40.35
17	专用设备	16.98	20.41	37.39
18	交通运输设备	21.65	19.55	41.20
19	电气机械和器材	18.63	21.82	40.45
20	通信设备、计算机和其他电子设备	20.76	20.35	41.11
21	仪器仪表	14.20	16.14	30.34
22	其他制造产品和废品废料	13.40	10.49	23.89
23	金属制品、机械和设备修理服务	12.96	15.60	28.56
24	电力、热力的生产和供应	11.76	132.13	143.89
25	燃气生产和供应	6.48	10.76	17.24
26	水的生产和供应	16.68	70.34	87.02
27	建筑	27.70	32.08	59.78
28	批发和零售	11.29	6.04	17.33
29	交通运输、仓储和邮政	15.99	13.35	29.34
30	住宿和餐饮	88.17	14.22	102.39
31	信息传输、软件和信息技术服务	18.95	10.58	29.53
32	金融	9.40	4.51	13.91
33	房地产	7.65	7.69	15.34
34	租赁和商务服务	22.71	8.87	31.58
35	研究和试验发展	18.54	15.05	33.59
36	综合技术服务	22.02	13.43	35.45
37	水利、环境和公共设施管理	72.80	17.03	89.83
38	居民服务、修理和其他服务	23.28	13.95	37.23
39	教育	10.50	8.40	18.90
40	卫生和社会工作	36.08	25.55	61.63

编　号	部　　门	农 业 用 水	工 业 用 水	总 水 资 源
41	文化、体育和娱乐	37.02	14.82	51.84
42	公共管理、社会保障和社会组织	24.65	10.05	34.70
	平均	32.42	21.22	53.64

插图索引

[1] 任亚楠，田金平，陈吕军. 中国对外贸易的经济增加值：隐含碳排放失衡问题研究[J]. 中国环境管理，2022，14(05)：49-59.

[2] FENG K S, DAVIS S J, SUN L X, et al. Outsourcing CO_2 within China[J]. P Natl Acad Sci USA, 2013, 110(28): 11654-11659.

[3] BULLARD C W, PENNER P S, PILATI D A. Net energy analysis: handbook for combining process and input-output analysis[J]. Resources and Energy, 1978, 1(3): 267-313.

[4] 陈晖. 中国能源和碳排放的区域间系统测算[D]. 北京：北京大学，2011.

[5] WIEDMANN T O, SCHANDL H, LENZEN M, et al. The material footprint of nations[J]. Proceedings of the National Academy of Sciences, 2013, 112(20): 201220362.

[6] YU Y, FENG K, HUBACEK K. Tele-connecting local consumption to global land use[J]. Global Environmental Change, 2013, 23(5): 1178-1186.

[7] SETO K C, REENBERG A, BOONE C G, et al. Urban land teleconnections and sustainability[J]. P Natl Acad Sci USA, 2012, 109(20): 7687-7692.

[8] CHEN B, CHEN G Q. Ecological footprint accounting based on emergy: a case study of the Chinese society[J]. Ecological Modelling, 2006, 198(1-2): 101-114.

[9] CHEN G Q, CHEN Z M. Greenhouse gas emissions and natural resources use by the world economy: ecological input-output modeling[J]. Ecological Modelling, 2011, 222(14): 2362-2376.

[10] CHEN B, CHEN G Q. Exergy analysis for resource conversion of the Chinese society 1993 under the material product system[J]. Energy, 2006, 31(8-9): 1115-1150.

[11] CHEN G Q, CHEN B. Resource analysis of the Chinese society 1980–2002

based on exergy: part 1: fossil fuels and energy minerals[J]. Energy Policy, 2007, 35(4): 2038-2050.

[12] CHEN G Q, CHEN B. Extended-exergy analysis of the Chinese society[J]. Energy, 2009, 34(9): 1127-1144.

[13] 季曦. 生态经济的热力学㶲值理论及其在城市系统模拟和调控中的应用[D]. 北京：北京大学，2008.

[14] 姜昧茗. 城市系统演化的生态热力学㶲值分析[D]. 北京：北京大学，2007.

[15] JIANG M M, CHEN Z M, ZHANG B, et al. Ecological economic evaluation based on emergy as embodied cosmic exergy: a historical study for the Beijing urban ecosystem 1978-2004[J]. Entropy-Switz, 2010, 12(7): 1696-1720.

[16] 陈国谦，等. 建筑碳排放系统计量方法[M]. 北京：新华出版社，2010.

[17] LENZEN M. Greenhouse gas analysis of solar-thermal electricity generation[J]. Solar Energy, 1999, 65(6): 353-368.

[18] CHEN G Q, YANG Q, ZHAO Y H. Renewability of wind power in China: a case study of nonrenewable energy cost and greenhouse gas emission by a plant in Guangxi[J]. Renewable and Sustainable Energy Reviews, 2011, 15(5): 2322-2329.

[19] PETERS G P, HERTWICH E G. CO_2 embodied in international trade with implications for global climate policy[J]. Environmental Science & Technology, 2008, 42(5): 1401-1407.

[20] HERTWICH E G, PETERS G P. Carbon footprint of nations: a global, trade-linked analysis[J]. Environmental Science & Technology, 2009, 43(16): 6414-6420.

[21] CHEN B, CHEN G Q, YANG Z F, et al. Ecological footprint accounting for energy and resource in China[J]. Energy Policy, 2007, 35(3): 1599-1609.

[22] VAN VUUREN D P, SMEETS E M W. Ecological footprints of Benin, Bhutan, Costa Rica and the Netherlands[J]. Ecological Economics, 2000, 34(1): 115-130.

[23] SHAO L, WU Z, CHEN G Q. Exergy based ecological footprint accounting for China[J]. Ecological Modelling, 2013, 252: 83-96.

[24] LENZEN M, MORAN D, KANEMOTO K, et al. International trade drives

biodiversity threats in developing nations[J]. Nature, 2012, 486(7401): 109-112.

[25] THE WORLD BANK. World Development Indicators data-Annual freshwater withdrawals[R]. NW Washington, DC: The World Bank, 2023.

[26] ALLAN J A. Policy responses to the closure of water resources[M]. In HOWSAM P, CARTER R C(Ed.), Water policy: Allocation and management in practice (pp. 3-12). Abingdon: Taylor & Francis, 1996.

[27] ALLAN J A. Virtual water: a strategic resource global solutions to regional deficits[J]. Ground water, 1998, 36(4): 545-546.

[28] ALLAN J A. 'Virtual water': a long term solution for water short Middle Eastern economies?[M]. London, UK: School of Oriental and African Studies, University of London, 1997.

[29] KUMAR M D, SINGH O P. Virtual water in global food and water policy making: is there a need for rethinking?[J]. Water Resources Management, 2005, 19(6): 759-789.

[30] HOEKSTRA A Y. Virtual water trade: proceedings of the international expert meeting on virtual water trade[R]. Delft, Netherlands: 2003.

[31] ZHANG Z Y, SHI M J, YANG H, et al. An input-output analysis of trends in virtual water trade and the impact on water resources and uses in China[J]. Economic Systems Research, 2011, 23(4): 431-446.

[32] YANG Z F, MAO X F, ZHAO X, et al. Ecological network analysis on global virtual water trade[J]. Environmental Science & Technology, 2012, 46(3): 1796-1803.

[33] CHEN Z M, CHEN G Q. Virtual water accounting for the globalized world economy: national water footprint and international virtual water trade[J]. Ecological Indicators, 2013, 28: 142-149.

[34] LENZEN M, MORAN D, BHADURI A, et al. International trade of scarce water[J]. Ecological Economics, 2013, 94(0): 78-85.

[35] KONAR M, DALIN C, SUWEIS S, et al. Water for food: the global virtual water trade network[J]. Water Resources Research, 2011, 47(5): W05520.

[36] LIU J G, ZEHNDER A J B, YANG H. Global consumptive water use for crop production: the importance of green water and virtual water[J]. Water Resources

Research, 2009, 45(5): W05428.

[37] ZHAO X, YANG H, YANG Z, et al. Applying the input-output method to account for water footprint and virtual water trade in the Haihe River Basin in China[J]. Environmental Science & Technology, 2010, 44(23): 9150-9156.

[38] DALIN C, KONAR M, HANASAKI N, et al. Evolution of the global virtual water trade network[J]. Proceedings of the National Academy of Sciences, 2012, 109(16): 5989-5994.

[39] GUAN D, HUBACEK K. Assessment of regional trade and virtual water flows in China[J]. Ecological Economics, 2007, 61(1): 159-170.

[40] HOEKSTRA A Y, CHAPAGAIN A K, ALDAYA M M, et al. The water footprint assessment manual: setting the global standard[M]. London：Earthscan, 2011.

[41] MEKONNEN M M, HOEKSTRA A Y. The green, blue and grey water footprint of crops and derived crop products[J]. Hydrology and Earth System Sciences, 15, 1577-1600.

[42] MEKONNEN M M, HOEKSTRA A Y. The green, blue and grey water footprint of farm animals and animal products[R]//UNESCO-IHE. Value of Water Research Report Series No. 48. Delft, the Netherlands: 2010.

[43] HOEKSTRA A Y, MEKONNEN M M. The water footprint of humanity[J]. Proceedings of the National Academy of Sciences, 2012, 109(9): 3232-3237.

[44] MEKONNEN M M, HOEKSTRA A Y. National water footprint accounts: the green, blue and grey water footprint of production and consumption[R] //UNESCO-IHE. Value of Water Research Report Series No. 50. Delft, the Netherlands: 2011.

[45] GERBENS-LEENES W, HOEKSTRA A Y, VAN DER MEER T H. The water footprint of bioenergy[J]. Proceedings of the National Academy of Sciences, 2009, 106(25): 10219-10223.

[46] LI X, FENG K, SIU Y L, et al. Energy-water nexus of wind power in China: the balancing act between CO_2 emissions and water consumption[J]. Energy Policy, 2012, 45(0): 440-448.

[47] MEKONNEN M M, HOEKSTRA A Y. The blue water footprint of

electricity from hydropower[J]. Hydrology and Earth System Sciences, 2012, 16(1): 179-187.

[48] ZHANG Z Y, YANG H, SHI M J. Analyses of water footprint of Beijing in an interregional input-output framework[J]. Ecological Economics, 2011, 70(12): 2494-2502.

[49] ZHAO X, CHEN B, YANG Z. National water footprint in an input-output framework: a case study of China 2002[J]. Ecological Modelling, 2009, 220(2): 245-253.

[50] ODUM H T. Environment, power and society[M]. New York: Wiley-Interscience, 1971.

[51] ODUM H T. Environmental accounting: emergy and environmental decision making[M]. New York: Wiley-Interscience, 1996.

[52] ODUM H T, BROWN M, WILLIAMS S. Handbook of emergy evaluation[M]. Gainesville: Center for Environmental Policy, University of Florida, 2000.

[53] ODUM H T, BROWN M T, BRANDT-WILLIAMS S. Handbook of emergy evaluation: A compendium of data for emergy computation issued in a series of folios; Folio #1 Introduction and global budget[M]. Gainesville: Center for Environmental Policy, University of Florida, 2000.

[54] 周江波. 国民经济的体现生态要素核算[D]. 北京：北京大学，2008.

[55] CHEN G Q, CHEN Z M. Carbon emissions and resources use by Chinese economy 2007: a 135-sector inventory and input-output embodiment[J]. Communications in Nonlinear Science and Numerical Simulation, 2010, 15(11): 3647-3732.

[56] CHEN Z M, CHEN G Q, ZHOU J B, et al. Ecological input-output modeling for embodied resources and emissions in Chinese economy 2005[J]. Communications in Nonlinear Science and Numerical Simulation, 2010, 15(7): 1942-1965.

[57] CHEN G Q, CHEN H, CHEN Z M, et al. Low-carbon building assessment and multi-scale input-output analysis[J]. Communications in Nonlinear Science and Numerical Simulation, 2011, 16(1): 583-595.

[58] CHEN G Q, ZHANG B. Greenhouse gas emissions in China 2007: inventory and input-output analysis[J]. Energy Policy, 2010, 38(10): 6180-6193.

[59] 陈占明. 世界经济的体现生态要素流分析[D]. 北京：北京大学，2011.

[60] ZHOU S Y, CHEN H, LI S C. Resources use and greenhouse gas emissions in urban economy: ecological input-output modeling for Beijing 2002[J]. Communications in Nonlinear Science and Numerical Simulation, 2010, 15(10): 3201-3231.

[61] CHEN Z M, CHEN G Q, XIA X H, et al. Global network of embodied water flow by systems input-output simulation[J]. Frontiers Of Earth Science, 2012, 6(3): 331-344.

[62] LEONTIEF W W. Quantitative input-output relations in the economic system[J]. The Review of Economics and Statistics, 1936, 18: 105-125.

[63] LEONTIEF W W. Input-output Economics[J]. Scientific American, 1951, 185(4): 15-21.

[64] LEONTIEF W W. Environmental repercussions and the economic structure: an input-output approach[J]. The Review of Economics and Statistics, 1970, 52(3): 262-271.

[65] LEONTIEF W W. Input-output economics[M]. Oxford: Oxford University Press, 1986.

[66] CHEN G Q, SHAO L, CHEN Z M, et al. Low-carbon assessment for ecological wastewater treatment by a constructed wetland in Beijing[J]. Ecological Engineering, 2011, 37(4): 622-628.

[67] 郭珊. 北京市能源与碳排放的多尺度系统核算[D]. 北京：北京大学, 2013.

[68] CHEN G Q, GUO S, SHAO L, et al. Three-scale input-output modeling for urban economy: carbon emission by Beijing 2007[J]. Communications in Nonlinear Science and Numerical Simulation, 2013, 18(9): 2493-2506.

[69] GUO S, CHEN G Q. Multi-scale input-output analysis for multiple responsibility entities: carbon emission by urban economy in Beijing 2007[J]. Journal of Environmental Accounting and Management, 2013, 1(1): 43-54.

[70] GUO S, LIU J B, SHAO L, et al. Energy-dominated local carbon emissions

in Beijing 2007: inventory and input-output analysis[J]. Scientific World Journal, 2012(1): 923183.

[71] GUO S, SHAO L, CHEN H, et al. Inventory and input-output analysis of CO_2 emissions by fossil fuel consumption in Beijing 2007[J]. Ecological Informatics, 2012, 12: 93-100.

[72] KING C W, WEBBER M E. Water intensity of transportation[J]. Environmental Science & Technology, 2008, 42(21): 7866-7872.

[73] STOESSEL F, JURASKE R, PFISTER S, et al. Life cycle inventory and carbon and water foodprint of fruits and vegetables: application to a Swiss retailer[J]. Environmental Science & Technology, 2012, 46(6): 3253-3262.

[74] BERGER M, WARSEN J, KRINKE S, et al. Water footprint of european cars: potential impacts of water consumption along automobile life cycles[J]. Environmental Science & Technology, 2012, 46(7): 4091-4099.

[75] HERATH I, DEURER M, HORNE D, et al. The water footprint of hydroelectricity: a methodological comparison from a case study in New Zealand[J]. Journal of Cleaner Production, 2011, 19(14): 1582-1589.

[76] LENZEN M. A guide for compiling inventories in hybrid life-cycle assessments: some Australian results[J]. Journal of Cleaner Production, 2002, 10(6): 545-572.

[77] SUH S, LENZEN M, TRELOAR G J, et al. System boundary selection in life-cycle inventories using hybrid approaches[J]. Environmental Science & Technology, 2003, 38(3): 657-664.

[78] BARAL A, BAKSHI B R. Emergy analysis using US economic input-output models with applications to life cycles of gasoline and corn ethanol[J]. Ecological Modelling, 2010, 221(15): 1807-1818.

[79] SHAO L, CHEN G Q. Water footprint assessment for wastewater treatment: method, indicator and application[J]. Environmental Science & Technology, 2013, 47(14): 7787-7794.

[80] SHAO L, CHEN G Q, CHEN Z M, et al. Systems accounting for energy consumption and carbon emission by building[J]. Communications in Nonlinear Science and Numerical Simulation, 2014, 19(6): 1859-1873.

[81] SUH S, HUPPES G. Methods for life cycle inventory of a product[J]. Journal of Cleaner Production, 2005, 13(7): 687-697.

[82] 国家统计局国民经济核算司. 2007 中国投入产出表[M]. 北京：中国统计出版社，2009.

[83] 北京市统计局. 2017 年北京市投入产出表[R]. 北京：北京市统计局，2020.

[84] 中华人民共和国水利部. 中国水资源公报 2017[M]. 北京：中国水利水电出版社，2018.

[85] 中华人民共和国国家统计局. 中国统计年鉴 2017[M]. 北京：中国统计出版社，2017.

[86] 北京市统计局. 北京统计年鉴 2018[M]. 北京：中国统计出版社，2018.

[87] 国务院第二次全国经济普查领导小组办公室. 中国经济普查年鉴 2008[M]. 北京：中国统计出版社，2010.

[88] ELENA G-D-C, ESTHER V. From water to energy: The virtual water content and water footprint of biofuel consumption in Spain[J]. Energy Policy, 2010, 38(3): 1345-1352.

[89] 赵元桦，黄湘. 中科院电工所八达岭太阳能热发电实验电站项目申请报告[R]. 北京：中国华电集团有限公司，2008.

[90] BURKHARDT J J, HEATH G A, TURCHI C S. Life cycle assessment of a parabolic trough concentrating solar power plant and the impacts of key design alternatives[J]. Environmental Science & Technology, 2011, 45(6): 2457-2464.

[91] KO J Y, DAY J W, LANE R R, et al. A comparative evaluation of money-based and energy-based cost-benefit analyses of tertiary municipal wastewater treatment using forested wetlands v.s. sand filtration in Louisiana[J]. Ecological Economics, 2004, 49(3): 331-347.

[92] TILLMAN A M, SVINGBY M, LUNDSTRöM H. Life cycle assessment of municipal waste water systems[J]. The International Journal of Life Cycle Assessment, 1998, 3(3): 145-157.

[93] LUNDIN M, BENGTSSON M, MOLANDER S. Life cycle assessment of wastewater systems: influence of system boundaries and scale on calculated environmental loads[J]. Environmental Science & Technology, 2000, 34(1): 180-186.

[94] ZHOU J B, JIANG M M, CHEN B, et al. Emergy evaluations for constructed wetland and conventional wastewater treatments[J]. Communications in Nonlinear Science and Numerical Simulation, 2009, 14(4): 1781-1789.

[95] FUCHS V J, MIHELCIC J R, GIERKE J S. Life cycle assessment of vertical and horizontal flow constructed wetlands for wastewater treatment considering nitrogen and carbon greenhouse gas emissions[J]. Water Research, 2011, 45(5): 2073-2081.

[96] GALLEGO A, HOSPIDO A, MOREIRA M T, et al. Environmental performance of wastewater treatment plants for small populations[J]. Resources, Conservation and Recycling, 2008, 52(6): 931-940.

[97] CHEN G Q, YANG Q, ZHAO Y H, et al. Nonrenewable energy cost and greenhouse gas emissions of a 1.5MW solar power tower plant in China[J]. Renewable and Sustainable Energy Reviews, 2011, 15(4): 1961-1967.

[98] 杨晴. 可再生能源的系统生态热力学核算[D]. 北京：北京大学，2011.

[99] 张统，侯瑞琴，王守中，等. 间歇式活性污泥法污水处理技术及工程实例[M]. 北京：化学工业出版社，2002.

[100] CHEN Z M, CHEN B, ZHOU J B, et al. A vertical subsurface-flow constructed wetland in Beijing[J]. Communications in Nonlinear Science and Numerical Simulation, 2008, 13(9): 1986-1997.